高等学校实验课系列教材

电工电子技术 实验指导（第3版）

主　编　熊莉英　屈薇薇

副主编　陈　蕾　皮　明

重庆大学出版社

内容提要

本书针对电工电子技术中的各个重要知识点,精心设置实验项目,内容涉及常用电子仪器仪表的用法、元件伏安特性的测试、基尔霍夫定律和叠加定理的验证、戴维南定理和诺顿定理的研究、日光灯电路功率因数的提高、三相交流电路的分析、三相电路功率的测量、单管交流放大电路的动态指标测试及频率响应研究、场效应管放大电路研究、集成运算放大器的指标测试、串联型直流稳压电源研究、逻辑门功能测试、基于 SSI 的组合逻辑电路的设计、基于 MSI 的组合逻辑电路的设计、计数器及译码显示、串行累加器的设计、555 时基电路及其应用等共 31 个实验。部分实验项目设置成了基本验证性实验和提高性实验两部分。附录部分则主要介绍常用仪器仪表和 Multisim12 软件使用简介等。

本教材可作为高等院校非电类专业电工学、电工与电子技术课程的配套实验指导书,也可作为工程技术人员的参考用书。

图书在版编目(CIP)数据

电工电子技术实验指导 / 熊莉英,屈薇薇主编.
3 版. -- 重庆:重庆大学出版社,2025.1. --(高等学校实验课系列教材). -- ISBN 978-7-5689-5107-4
Ⅰ. TM-33;TN01-33
中国国家版本馆 CIP 数据核字第 2025CL9982 号

电工电子技术实验指导
DIANGONG DIANZI JISHU SHIYAN ZHIDAO
(第 3 版)

主 编 熊莉英 屈薇薇
副主编 陈蕾 皮明
策划编辑 杨粮菊
特约编辑 熊祎滢
责任编辑:杨粮菊 版式设计:杨粮菊
责任校对:王 倩 责任印制:张 策

*

重庆大学出版社出版发行
出版人:陈晓阳
社址:重庆市沙坪坝区大学城西路 21 号
邮编:401331
电话:(023)88617190 88617185(中小学)
传真:(023)88617186 88617166
网址:http://www.cqup.com.cn
邮箱:fxk@cqup.com.cn(营销中心)
全国新华书店经销
重庆天旭印务有限责任公司印刷

*

开本:787mm×1092mm 1/16 印张:16.75 字数:439 千
2025 年 1 月第 3 版 2025 年 1 月第 11 次印刷
印数:18 601—21 600
ISBN 978-7-5689-5107-4 定价:45.00 元

第3版 前言

《电工电子技术实验指导》第3版秉承以学生为中心的新时代高等教育理念,引导学生自主学习,并根据近年实验教学实践、教改成果编写而成,相比前两版的内容,我们在各项实验中添加了基于仿真软件 Multisim 的仿真实验部分,指导学生掌握现代化实践工具,提高实践综合能力。同时,本书加强了实验报告的写作要求,以训练学生科学研究思维,从而提高学生分析问题、研究问题、科学结论的能力。

"电工电子技术"是高等院校本科教育中非电类工科专业必修的专业基础课,包括电路、继电控制、模拟电路、数字电路等内容模块。实验教学是该课程教学中的重要环节,不仅可以帮助学生加深对理论的理解,还可以训练学生掌握电工电子基本实践技能,使学生具有合理选择元器件及仪器设备进行实验的能力。实验教学部分还让学生掌握常用仪器、仪表的测量原理和使用方法,能利用理论知识分析并解决实验中出现的问题,具备设计简单电路的能力。

本书在习近平新时代中国特色社会主义思想指导下针对电工电子技术中各个重要知识点精心设置实验项目,按照各知识点的特点,总结多年实践教学中学生掌握这些知识的过程和习惯,分别将各个实验项目设计为原理验证型、测试分析型、综合应用型和设计型等多种方式,力求让学生通过实验教学获得研究问题的思路和方法,牢记科学概念和结论。

本书结构按照电工电子知识体系设置,分为电工技术实验部分和电子技术实验部分。

电工技术实验部分既有基本电路定律,如基尔霍夫电压定律、基尔霍夫电流定律、叠加定理和戴维南定理的研究等,也有针对工程问题的日光灯电路功率因数的提高和三相交流电路的分析等。在电机与控制部分,我们特别设计了不将电机作为控制对象的继电控制线路实验项目,拓宽了学生有关电气控制的思路。

电子技术实验部分加强了对电路设计方法的理解和应用,比如设计了基本单管交流放大电路静态工作点的调试及非线性失真研究的实验,让学生建立了在仿真软件中分析设计电路的概念,引导学生更加深入地理解电路元件参数对电路性能的影响。另外,本部分也加强了电路频率响应分析的概念,比如设计了单管交流放大电路的动态指标测试及频率响应研究实验。在数字电子技术部分,同样在初始实验项目中让学生建立基于 EDA 技术对电路进行分析和设计的思路,并在后续综合型实验项目中让学生了解数字电路系统的常见结构,以期为其今后在相应工程工作中了解工控仪器系统打下基础。

本书每个实验项目建议学时为 2 学时,也可选择不同实验项目中的实验内容组成新的实验。

本书在所有实验项目中涉及的元器件和仪器仪表都是通用型设备,只是根据我校的电工电子实验中心情况给出了具体型号,同时在附录中也收录了一些实验必需的技术资料。

本书第 3 版由西南科技大学信息工程学院熊莉英、屈薇薇担任主编,陈蕾、皮明担任副主编。同时感谢郭颖、靳玉红、徐苏、韩雪梅等第 1 版编者所做的重要工作。

因编者水平有限,本书还存在不少疏漏之处,敬请各位读者批评指正。

编　者
2024 年 8 月

目录

绪　论

实验管理与安全

一、实验守则

①任何进入本实验室的人员必须遵守本守则。

②除与实验有关材料外,其他与实验无关物品不得带入实验室。

③学生做实验时,应事先预习实验指导书并按学号在指定实验台对号入座、登记,不得随意调换。

④学生做实验时,应认真听课,按实验程序及内容进行接线,经认真检查后方可合闸通电开始实验。准时上下课,按正常的课堂纪律执行。

⑤应保持实验室安静、整洁的学习环境,不得喝水、吃零食、乱丢杂物,轻声走动,低声讨论

问题。

⑥爱护实验室的一切设备和设施,不得做与本次实验无关的操作。凡不按规定程序进行实验而造成的一切损失或遗失工具、元件等,要照价赔偿,情节严重者给予一定的纪律处分。

⑦实验结束时,实验报告经指导教师检查确认签字并收拾好实验现场后方可离开实验室。

⑧注意用电安全,防止触电;实验中遇到设备发生故障时,应立即停止实验,请指导教师处理。

⑨实验时遇到如停电等意外情况发生时要保持冷静,听从指导教师处理。

二、实验室安全用电规则

安全用电是实验中始终需注意的重要问题。为了做好实验,确保人身和设备的安全,在做电工实验时必须严格遵守下列安全用电规则。

①接线、改接、拆线都必须在切断电源的情况下进行,即"先接线后通电,先断电再拆线"。

②在电路通电的情况下,人体严禁接触电路不绝缘的金属导线或接点等带电部位。万一发生触电事故,应立即切断电源,进行必要的处理。

③实验中,特别是设备刚投入运行时,要随时注意仪表设备的运行情况,如发现有超量程、过热、异味、冒烟、火花等现象,应立即断电,并请老师检查。

④实验时应集中精神,同组者必须密切配合,接通电源前须通知同组人员,以防发生触电事故。

⑤电机转动时,防止导线、发辫、围巾等物品卷入。

⑥了解有关电器设备的规格、性能及使用方法,严格按额定值使用。注意仪表的种类量程和连接使用方法,例如,不得用电流表或万用表的电阻挡、电流挡去测量电压;电流表、功率表的电流线圈不能并联在电路中等。

三、电工安全用电知识

安全用电包括供电系统的安全、用电设备的安全及人身安全3个方面,它们之间紧密联系。供电系统的故障可能导致用电设备的损坏或人身伤亡事故,而用电事故也可能导致局部或大范围停电,甚至造成严重的火灾。

(1)安全用电知识

在用电过程中,必须特别注意电气安全,如果稍有麻痹或疏忽,就可能造成严重的触电事故,或者引起火灾或爆炸,给国家和人民带来极大的损失。

我国规定的安全电压额定值为42 V、36 V、24 V、12 V。如手提照明灯、危险环境的携带式电动工具,应采用36 V或24 V安全电压;金属容器内、隧道内、矿井内等工作场合,狭窄、行动不便及周围有大面积接地导体的环境,应采用12 V安全电压,水下作业等场所应采用6 V安全电压以防止因触电而造成的人身伤害。

为了保证电气工作人员在电气设备运行操作、维护检修时不致误碰带电体,故规定了电气工作人员离带电体的安全距离,见表1。

表1　电气工作人员与带电体间的安全距离

设备额定电压/kV	10 及以下	20 ~ 35	44	60	110	220	330
设备不停电时的安全距离/mm	700	1 000	1 200	1 500	1 500	3 000	4 000
工作人员工作时正常活动范围与带电设备的安全距离/mm	350	600	800	1 500	1 500	3 000	4 000
带电作业时人体与带电体之间的安全距离/mm	400	600	600	700	1 000	1 800	2 600

(2)电工安全操作知识

①在进行电上安装与维修操作时,必须严格遵守各种安全操作规程,不得玩忽职守。

②进行电工操作时,要严格遵守停、送电操作规定,切实做好突然送电的各项安全措施,不允许进行约时送电。

③在邻近带电部位进行电工操作时,一定要保持可靠的安全距离。

④严禁采用一线一地、两线一地、三线一地(指大地)安装用电设备和器具。

⑤在一个插座或灯座上不可引接功率过大的用电器具。

⑥不可用潮湿的手去触及开关、插座和灯座等用电装置,更不可用湿抹布去擦抹带电的电气装置和用电器具。

⑦操作工具的绝缘手柄、绝缘鞋和手套的绝缘性能必须良好,并作定期检查。登高工具必须牢固可靠,也应作定期检查。

⑧在潮湿环境中使用移动电器时,一定要采用36 V安全低压电源。在金属容器(如锅炉、蒸发器或管道等)内使用移动电器时,必须采用12 V安全电源,并应有人在容器外监护。

⑨发现有人触电,应立即断开电源,采取正确的抢救措施抢救触电者。

实验基本要求

一、实验目的

实验是电工、电子技术课程的一个重要实践性教学环节。实验的目的是不仅要让学生巩固和加深理解所学的理论知识,更重要的是要培养学生理论联系实际的能力和独立分析、解决问题的能力,全面提高学生在工作技术方面的素质。

通过实验,培养学生以下几方面的技能。

①正确使用常用仪器仪表。

②能根据所学的知识,阅读简单的电路原理图。

③能准确地读取实验数据,测绘波形和曲线,学会处理实验数据,分析实验结果,撰写实验报告。

④掌握一般的安全用电常识,遵守操作规程。

二、实验准备和预习

实验前充分地预习准备是保证实验顺利进行的前提,否则将事倍功半,甚至会损坏仪器或发生人身安全事故。为确保实验效果,要求教师在实验前对学生进行预习情况检查,不了解实验内容和无预习报告者不能参加实验。预习要求如下所示。

①认真阅读实验指导书,掌握与实验有关的理论知识,了解实验仪器的使用方法,了解实验的方法等。

②掌握与实验相关的理论知识、学习实验需用仪器仪表的使用方法。

③完成预习报告内容,包括实验目的、实验原理、理论计算、实验方案、实验步骤设计、实验电路图、实验数据记录表格等。

三、实验操作

①根据预习报告中的仪器仪表和材料列表,清点检查所用的仪器仪表和材料。若有不正常现象应立刻向指导教师汇报。

②遵守"断电连线、带电测试"规则,连线过程中要认真仔细。接线完毕后要养成自查的习惯,一般先接主电路,后接控制电路;先串联后并联;导线尽量短,少接头;少交叉。

③通电后的操作应冷静细致。注意仪器的安全使用和人身安全。发现异常应及时断电。

④注意测试仪表和设备的正确使用方法。在不清楚仪器设备的使用方法前,不得贸然使用。

⑤严肃、认真、仔细地观察实验现象,如实记录数据,并与理论值比较,不得抄袭他人数据。

⑥测得的数据经自查后,送指导教师检查完方可拆掉电路连线,以免数据错误时重新连线。

⑦实验结束后注意先断电后拆线,整理清点实验工具和操作台,经指导教师许可后方可离开。

四、实验报告

实验报告应写明实验日期,实验人学号、班级和姓名,指导教师姓名,实验题目。采用统一的实验报告纸,报告要求条理清楚,字迹整洁。图表清晰,波形完整。

实验报告分为预习部分和实验部分。

(1)预习部分

预习部分包括:①实验目的;②实验原理;③理论计算;④实验方案、实验步骤设计;⑤实验电路图;⑥实验数据记录表格等。

(2)实验部分

实验部分包括:①实验步骤和内容;②实验结果记录与分析;③回答思考题;④实验体会等。

第1部分
电工技术实验

实验1
元件伏安特性的测试

一、实验目的

①掌握线性电阻、非线性电阻和实际电源等电路元件伏安特性的测量方法。
②掌握直流电压表、直流毫安表、直流稳压电源、万用表的用法。

二、实验原理

任何一个二端元件的特性可用该元件上的端电压 U 与通过该元件的电流 I 之间的函数关

系 $I=f(U)$ 来表示,即用 I—U 平面上的一条曲线来表征,这条曲线称为该元件的伏安特性曲线。

1. 电阻元件的伏安特性

①线性电阻器的伏安特性曲线是一条通过坐标原点的直线,如图 1.1.1 所示,该直线的斜率等于该电阻器的电阻值。

$$\tan \alpha = \frac{U}{I} = R \qquad (1.1.1)$$

②一般的半导体二极管是一个非线性电阻元件,其伏安特性如图 1.1.2 所示。

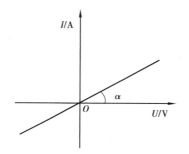

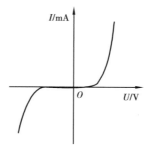

图 1.1.1　线性电阻的伏安特性曲线　　　图 1.1.2　二极管的伏安特性曲线

二极管具有单向电导性。当外加正向电压很低时,正向电流很小,几乎为零。当正向电压超过一定数值后,电流增长很快,该一定数值的正向电压称为死区电压,其大小与材料及环境温度有关。通常,锗管的死区电压约为 0.1 V,硅管的死区电压约为 0.5 V。导通时的正向管压降,锗管为 0.2~0.3 V,硅管为 0.6~0.8 V。

给二极管加反向电压时,会形成很小的反向电流。但反向电压加得过高,反向电流会突然增大,二极管失去单向电导性,这时二极管被击穿。一旦被击穿,二极管一般不能再恢复原有功能,导致失效。

2. 电压源的伏安特性

①理想电压源是端电压为确定时间函数的二端元件,两端的电压与流过的电流无关,其伏安特性如图 1.1.3 所示。

②实际电压源的内阻一般都是存在的,任何实际电压源可以用一个理想电压源和电阻串联的电路模型来表示,如图 1.1.4(a)所示。

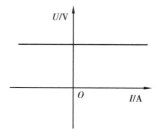

图 1.1.3　理想电压源的伏安特性曲线

实际电压源的电压电流有下列关系: $U=U_S-R_S I$。其中,I 是流过电压源的电流,U_S 是理想电压源的端电压,R_S 为电压源的内阻。实际电压源的伏安特性曲线如图 1.1.4(b)所示。可见,电源内阻 R_S 越大,图 1.1.4(b)中的斜率越大,即带负载的能力越差。

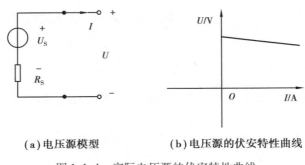

（a）电压源模型　　　　　　　（b）电压源的伏安特性曲线

图 1.1.4　实际电压源的伏安特性曲线

三、实验设备

序号	名称	型号与规格	数目	单位	备注
1	可调直流稳压电源	0～30 V	1	个	—
2	万用表	FM-47 或其他	1	台	自备
3	直流数字毫安表	0～500 mA	1	台	—
4	直流数字电压表	0～200 V	1	台	—
5	二极管	1N4007	1	根	DGJ-05
6	线性电阻器	200 Ω,1 kΩ/8 W	1	个	DGJ-05

四、实验内容

1. 测定线性电阻的伏安特性

（1）Multisim 仿真

在电路工作窗口画出电路原理图,从电源库中调用直流稳压电源及接地端,基本器件库中调用电阻元件,指示器件库中调用电流表、电压表,并双击各元件,为元件赋值,画出仿真电路如图 1.1.5 所示。单击 Multisim 软件右上角的仿真电源开关按钮,即可得到仿真结果。从-8 V 开始改变直流稳压电源的输出电压 U_S,一直到8 V,观察电源正向时相应的电压表和电流表的读数。

（2）实际操作

按如图 1.1.6 所示操作方式接线,调节直流稳压电源的输出电压 U_S,从 0 V 开始缓慢地增加,一直到8 V,记录电源正向时相应的电压表和电流表的读数 U_R、I,将测得的数据填入表 1.1.1 中。将电源反向连接,重复上述步骤,并将对应的数据填入表 1.1.1 中。

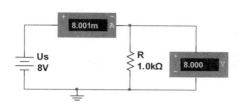 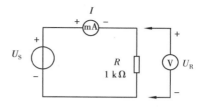

图 1.1.5　线性电阻的伏安特性仿真电路图　　图 1.1.6　线性电阻的伏安特性测定电路图

表 1.1.1　线性电阻的伏安特性实验数据

正向	U_R/V	0	2	4	6	8
	I/mA					
反向	U_R/V	−2	−4	−6	−8	−10
	I/mA					

2. 测定非线性电阻(二极管)的伏安特性

(1) Multisim 仿真

在电路工作窗口画出电路原理图,从电源库中调用直流稳压电源及接地端,基本器件库中调用电阻元件,二极管库中调用二极管 1N4007,指示器件库中调用电流表、电压表,并双击各元件,为元件赋值,画出仿真电路如图 1.1.7 所示。单击 Multisim 软件右上角的仿真电源开关按钮,即可得到仿真结果。从 0 V 开始缓慢地增加,观察二极管 VD 的正向施压 U_D 的值。

(2) 实际操作

按如图 1.1.8 所示操作方式接线,R 为限流电阻器,测量前先将直流稳压电源的输出电压 U_S 调节为 0 V。

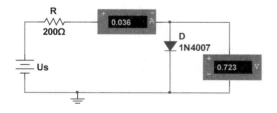 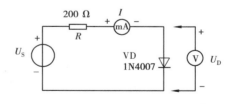

图 1.1.7　非线性电阻的伏安特性仿真电路图　　图 1.1.8　非线性电阻的伏安特性测定电路图

测二极管的正向伏安特性时,调节电源电压,从 0 V 开始缓慢地增加,当二极管 VD 的正向施压 U_D 为 0 ~ 0.75 V 时多取几个测量点,以观察二极管导通前后的状态。记录二极管 VD 正向施压时相应的电压表和电流表的读数 U_D、I,将测得的数据填入表 1.1.2 中。

表 1.1.2　非线性电阻的正向伏安特性实验数据

U_D/V	0.10	0.30	0.50	0.55	0.60	0.65	0.70	0.75
I/mA								

测反向特性时,只需将图 1.1.8 中的二极管 VD 反接。由于二极管 VD 反向电流很小,需

要用微安表来进行测量。其反向施压 U_D 可达 30 V。记录二极管 VD 反向施压时相应的电压表和电流表的读数 U_D、I,将测得的数据填入表 1.1.3 中。

表 1.1.3 非线性电阻的反向伏安特性实验数据

U_D/V	0	−5	−10	−15	−20	−25	−30
I/mA							

3. 测定实际电压源的伏安特性(外特性)

(1)Multisim 仿真

在电路工作窗口画出电路原理图,从电源库中调用直流稳压电源及接地端,基本器件库中调用电阻元件,指示器件库中调用电流表、电压表,并双击各元件,为元件赋值,画出仿真电路如图 1.1.9 所示。单击 Multisim 软件右上角的仿真电源开关按钮,即可得到仿真结果。调节可变电阻器 R_L,令其阻值由大至小变化。

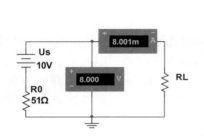
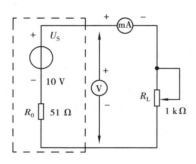

图 1.1.9 实际电压源的伏安特性仿真电路图   图 1.1.10 实际电源的外特性测定电路图

(2)实际操作

在接线前,先将电源输出电压 U_S 调至 10 V,然后关闭电源,进行接线,严禁在通电状态下使直流稳压电源外部短路,或接线后再调节直流稳压电源。

按如图 1.1.10 所示操作方式接线,将 10 V 的电压源和 51 Ω 电阻串联建立实际电压源模型。检查无误后接通电路,调节可变电阻器 R_L,令其阻值由大至小变化,将测得的数据填入表 1.1.4 中。

表 1.1.4 非线性电阻的反向伏安特性实验数据

U/V	0	1	2	3	4	5	6	7	8	9
I/mA										

4. 注意事项

①测量时,可调直流稳压电源的输出电压由 0 V 缓慢逐渐增加,应时刻注意电压表和电流表读数,数值不能超过规定值。

②直流稳压电源输出端切勿短路。

③测量中,随时注意电流表读数,及时更换电流表量程,勿使仪表超过量程,注意仪表的正负极性。

五、实验报告要求

①预习报告:分析线性电阻、二极管及实际电压源伏安特性;写出完整的实验步骤,包括相关实验电路图,设计记录实验数据的表格。

②实验过程记录:记录实际操作电路的元件参数,在实验数据记录表格中填写实际接线操作时测试得到的数据。

③结果处理及分析:根据表 1.1.1—表 1.1.4 的测试数据,在坐标纸上按照比例绘制出各元件的伏安特性曲线(其中二极管的正、反向特性要求画在同一张图中);对各元件的实际伏安特性曲线和理论曲线进行对比分析。

④根据实验现象回答思考题②。

⑤总结分析在本实验过程中遇到的问题以及处理方法。

六、思考题

①线性电阻与非线性电阻的概念分别是什么?

②电压源的外特性为什么呈下降变化趋势,稳压源的输出在任何负载下是否保持恒值?

③电阻器与二极管的伏安特性有何区别? 它们的电阻值与通过的电流有无关系?

实验 2
基尔霍夫定律和叠加定理的验证

一、实验目的

①验证基尔霍夫定律的正确性,加深对基尔霍夫定律的理解。
②学会用电流插头、插座测量各支路电流。
③验证线性电路叠加定理的正确性,加深对线性电路的叠加性和齐次性的认识和理解。
④加强对参考方向的掌握和运用。

二、实验原理

1. 基尔霍夫定律

电路中的电压电流关系不仅要遵循各个元件自身的伏安关系,还要满足基尔霍夫定律。基尔霍夫定律分为基尔霍夫电流定律(KCL)和基尔霍夫电压定律(KVL)。测量某电路的各支路电流及每个元件两端的电压,应能分别满足基尔霍夫电流定律(KCL)和基尔霍夫电压定律(KVL)。

(1)基尔霍夫电流定律(KCL)

任何时刻,对电路中的任何一个节点而言,流入(或流出)该节点的所有支路电流的代数和为零,即

$$\sum I = 0 \qquad\qquad (1.2.1)$$

通常规定流入该节点的支路电流取正号,流出该节点的支路电流取负号。

(2)基尔霍夫电压定律(KVL)

任何时刻,对电路中的任何一个闭合回路而言,沿任一回路所经过的所有支路或元件的电压降(升)的代数和恒等于零,即

$$\sum U = 0 \qquad\qquad (1.2.2)$$

通常规定按指定回路循行方向列方程时,电压降取正号,电压升取负号。

运用上述定律时必须注意各支路或闭合回路中电流或电压的参考方向,此方向可预先任意设定。

2. 叠加定理

叠加定理是指在有多个独立源共同作用下的线性电路中,通过每一个元件的电流或其两端的电压,可以看成是由每一个独立源单独作用时在该元件上所产生的电流或电压的代数和。

线性电路的齐次性是指当激励信号(某独立源的值)增加或减小 K 倍时,电路的响应(即在电路中各电阻元件上所建立的电流和电压值)也将增加或减小 K 倍。

3. 电流插座和插头的工作原理

在实验中,要用到电流插座和插头。电流插座是与电流表配合使用的,可以实现一表多用。只要预先在需要测量电流的每个支路中串联一只电流插座,就可以方便地用一块电流表测量每个支流的电流。

电流插座和插头的工作原理及电流符号如图 1.2.1 所示。测量前,电路中的电流通过互相接触的金属簧片将电路连接。当测量电流时,将连接在电流表上的插头插入电流插座的插孔中。这样,簧片分开,其两端分别接在电流表的两端,电流会经过电流表后再流到电路的另一端,电流的数值即可由电流表读出。测量完毕,将插头拔出,两簧片恢复接触,原电路仍保持接通。

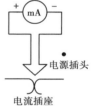

图 1.2.1　电流插座和插头的工作原理及电流符号

三、实验设备

序号	名称	型号与规格	数目	单位	备注
1	直流可调稳压电源	$0 \sim 30$ V	二路	个	—
2	万用表	FM-47 或其他	1	台	自备
3	直流数字电压表	$0 \sim 200$ V	1	台	—
4	直流数字毫安表	$0 \sim 500$ mA	1	台	—
5	电位、电压测定实验电路板	—	1	块	DGJ-03
6	叠加定理实验电路板	—	1	块	DGJ-03

四、实验内容

1. 基尔霍夫定律的验证

（1）Multisim 仿真

在电路工作窗口画出电路原理图，从电源库中调用直流稳压电源及接地端，基本器件库中调用电阻元件，指示器件库中调用电流表、电压表，并双击各元件，为元件赋值，画出仿真电路如图 1.2.2 所示。单击 Multisim 软件右上角的仿真电源开关按钮，即可得到仿真结果。观察各电流表、电压表读数。

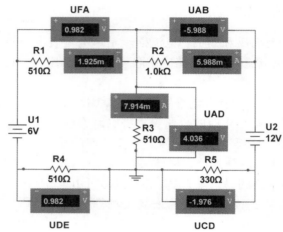

图 1.2.2　基尔霍夫定律仿真电路图

（2）实际操作

实验电路图如图 1.2.3 所示。实验前任意设定 3 条支路和 3 个闭合回路的电流参考方向。图 1.2.3 中 3 条支路电流 I_1、I_2、I_3 的方向已设定。3 个闭合回路的循行方向可设为 FADEF、BADCB 和 FABCDEF。

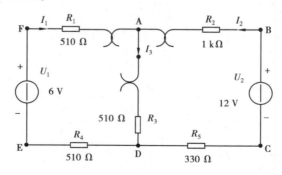

图 1.2.3　基尔霍夫定律的电路图

①先调准图中两个电压源的输出电压值，令 $U_1 = 6$ V，$U_2 = 12$ V，关闭电源，再按图 1.2.3 所示将两路直流稳压电源接入电路，打开电源进行测量。

②熟悉电流插头的结构,将电流插头的两端按颜色对应接至数字毫安表的"+""-"两端。

③将电流插头分别插入 3 条支路的 3 个电流插座中,读出 I_1、I_2、I_3 的测量值,填入表 1.2.1 中。

④用直流数字电压表分别测量两路电源及各电阻元件两端的电压值,注意正负极性和对应电压的双下标的关系,将测量值填入表 1.2.1 中。

表 1.2.1　基尔霍夫定律中电流与电压的实验数据

被测量	I_1/mA	I_2/mA	I_3/mA	U_1/V	U_2/V	U_{FA}/V	U_{AB}/V	U_{AD}/V	U_{CD}/V	U_{DE}/V
测量值										
计算值										
相对误差										

注:计算值是指根据电路图上的参数通过理论计算得出的电压电流值。

2. 叠加定理的验证

（1）Multisim 仿真

仿真线路和基尔霍夫定律仿真电路一样,如图 1.2.2 所示。单击 Multisim 软件右上角的仿真电源开关按钮,即可得到仿真结果,观察各电流表、电压表读数。设置 U_1 的电压值为 0 V,观察各电流表、电压表读数;设置 U_2 的电压值为 0 V,观察各电流表、电压表读数;设置 U_1 的电压值为 6 V, U_2 的电压值为 12 V,观察各电流表、电压表读数。

（2）实际操作

实验线路和基尔霍夫定律的实验电路一样,如图 1.2.4 所示,注意电源处的双掷开关的倒向位置与电源接入的对应关系。

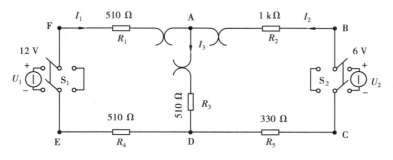

图 1.2.4　叠加定理的电路图

①调准图中两电压源的输出电压值,令 $U_1 = 6$ V, $U_2 = 12$ V,关闭电源,再按如图 1.2.3 所示将两路直流稳压电源接入电路,打开电源进行测量。

②令 U_1 电源单独作用:将开关 S_1 投向 U_1 侧,开关 S_2 投向短路侧,用直流数字电压表和毫安表(接电流插头)测量各支路电流及各电阻元件两端的电压,将数据记入表 1.2.2 中。

③令 U_2 电源单独作用:将开关 S_1 投向短路侧,开关 S_2 投向 U_2 侧,重复实验步骤②的测量和记录,将数据记入表 1.2.2 中。

④令 U_1 和 U_2 共同作用:开关 S_1 和 S_2 分别投向 U_1 和 U_2 侧,重复上述的测量和记录,数据记入表 1.2.2 中。

表 1.2.2　叠加定理中电压与电流的实验数据

测量项目 实验内容	I_1 /mA	I_2 /mA	I_3 /mA	U_1 /V	U_2 /V	U_{AB} /V	U_{CD} /V	U_{AD} /V	U_{DE} /V	U_{FA} /V
U_1 单独作用										
U_2 单独作用										
U_1、U_2 共同作用										

3. 注意事项

①需要测量的电压值均以电压表测量的读数为准(U_1、U_2 也需测量)。

②应防止稳压电源两个输出端碰线导致短路。

③用电流插头测量各支路电流时,应注意仪表的极性,以及数据表格中"＋、－"号的记录。

④注意仪表量程的及时更换。

五、实验报告要求

①预习报告:复习基尔霍夫定律,复习叠加定理的原理;学习电流插座和插头工作原理;写出完整的实验步骤,包含相关实验电路图,设计记录实验数据的表格。

②实验过程记录:记录实际操作电路的元件参数,记录实验数据,在实验数据记录表格中填写理论计算值、计算相对误差数据并填写。

③结果处理及分析:根据表 1.2.1 的实验数据,验证 KVL 的正确性;根据表 1.2.2 的实验数据进行分析,得出叠加定理的实验结论。

④根据实验现象回答思考题②。

⑤总结分析在本实验过程中遇到的问题以及处理方法。

六、思考题

①实验中,若用指针式万用表-直流毫安挡测各支路电流,在什么情况下可能出现指针反偏,应如何处理?

②各电阻器所消耗的功率能否用叠加原理计算得出?试用上述实验数据进行计算并作出结论。

实验 **3**
戴维南定理、诺顿定理的研究

一、实验目的

①验证戴维南定理和诺顿定理的正确性,加深对该定理的理解。
②掌握测量有源二端网络等效参数的一般方法。
③学会使用万用表。

二、实验原理

任何一个线性含源网络,如果仅研究其中一条支路的电压和电流,则可将电路的其余部分看作是一个有源二端网络(或称为含源一端口网络)。

1.戴维南定理

任何一个线性有源二端网络,总可以用一个电压源与一个电阻的串联来等效代替,如图1.3.1 所示。

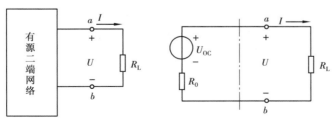

(a)有源二端网络电路   (b)对应的戴维南等效电路

图 1.3.1　戴维南定理的等效电路

此电压源的电动势 U_S 等于这个有源二端网络的开路电压 U_{OC},其等效内阻 R_0 等于该网络中所有独立源均置 0(理想电压源视为短接,理想电流源视为开路)时的等效电阻。

2. 诺顿定理

任何一个线性有源二端网络,总可以用一个电流源与一个电阻的并联组合来等效代替,如图 1.3.2 所示。

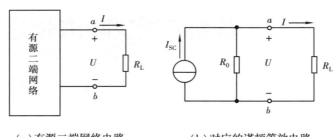

（a）有源二端网络电路　　　　（b）对应的诺顿等效电路

图 1.3.2　诺顿定理的等效电路

此电流源的电流 I_S 等于这个有源二端网络的短路电流 I_{SC},其等效内阻 R_0 定义同戴维南定理,即等于该网络中所有独立源均置 0(理想电压源视为短接,理想电流源视为开路)时的等效电阻。

$U_{OC}(U_S)$ 与 R_0 或者 $I_{SC}(I_S)$ 与 R_0 都称为有源二端网络的等效参数。

3. 有源二端网络等效参数的测量方法

（1）直接法测 U_{OC}

对于具有低内阻的有源二端网络,可用高电阻电压表直接测量 a、b 端开路电压 U_{OC}。一般电压表内阻并不是很大,最好选用数字电压表,其特点是灵敏度高、输入电阻大。数字电压表通常输入电阻在 10 MΩ 以上,有些高达数百兆欧,对被测电路影响很小,从工程角度来说,用其测量得到的电压即是有源二端网络的开路电压。

（2）零示法(补偿法)测 U_{OC}

对于具有高内阻的有源二端网络,在测量开路电压时,如果用电压表直接测量会造成较大的误差。为了消除电压表内阻的影响,往往采用零示测量法,如图 1.3.3 所示。

零示法测量原理是用一低内阻的电压可读的稳压电源与被测有源二端网络串联,为了检测回路中的电流,还串联了一个电流表在回路中。调节稳压电源的输出电压,当其与有源二端网络的开路电压相等时,电流表的读数将为"0"。此时稳压电源的输出电压,即为被测有源二端网络的开路电压。用这种方法可以排除伏特表内阻对测量的影响。

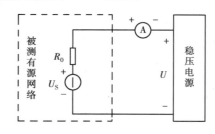

图 1.3.3　零示法测 U_{OC} 的电路

（3）开路电压、短路电流法测 R_0

在有源二端网络输出端开路时,用电压表直接测其输出端的开路电压 U_{OC},然后再将其输出端短路,用电流表测其短路电流 I_{SC},则等效内阻为:

$$R_0 = \frac{U_{OC}}{I_{SC}} \tag{1.3.1}$$

如果二端网络的内阻很小,若将其输出端口短路则易损坏其内部元件,因此不宜用此法。

（4）半电压法测 R_0

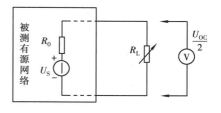

半电压法测 R_0 的原理如图 1.3.4 所示,在被测有源网络的外电路上接一个读数可读的电阻箱 R_L,用一个电压表去监测 R_L 的电压。调节外电阻 R_L 的阻值,当其上电压为被测网络开路电压的一半时,外电阻的阻值即为被测有源二端网络的等效内阻值。其本质就是两个阻值相等的电阻,串联时各分总电压的一半。

图 1.3.4　半电压法测 R_0

三、实验设备

序号	名称	型号与规格	数目	单位	备注
1	可调直流稳压电源	0 ～ 30 V	1	个	—
2	可调直流恒流源	0 ～ 200 mA	1	个	—
3	直流数字电压表	0 ～ 200 V	1	台	—
4	直流数字毫安表	0 ～ 500 mA	1	台	—
5	万用表	FM-47 或其他	1	台	自备
6	可调电阻箱	0 ～ 99 999.9 Ω	1	台	DGJ-05
7	电位器	1 K/2 W	1	个	DGJ-05
8	戴维南定理实验电路板	—	1	块	DGJ-03

四、实验内容

被测有源二端网络的实验电路如图 1.3.5 所示。

1. 被测有源二端网络的外特性测定

（1）Multisim 仿真

在电路工作窗口画出电路原理图,从电源库中调用直流稳压电源及接地端,基本器件库中调用电阻元件,指示器件库中调用电流表、电压表,并双击各元件,为元件赋值,画出仿真电路如图 1.3.6 所示。调节可变电阻器 R_L,令其阻值由大至小变化,观察电压表和电流表的读数。

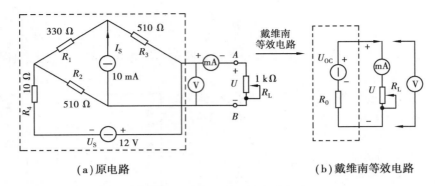

图 1.3.5　有源二端网络实验电路

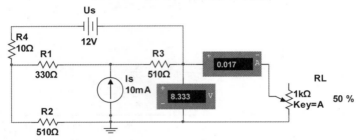

图 1.3.6　有源二端网络的外特性仿真电路图

（2）实际操作

①调节直流电压源的电压 $U_S = 12$ V，调节直流电流源 $I_S = 10$ mA，分别接入实验板，关掉电源再接线。

②将电位器 R_L、直流电压表和直流电流表按图 1.3.5（a）接入电路。

③打开电源，调节电位器 R_L，使其上电压 U 达到表 1.3.1 中各数值，分别记录下对应的电流值 I，填入表 1.3.1 中。

表 1.3.1　被测有源二端网络外特性的实验数据

U/V	1	2	3	4	5	6
I/mA						

2. 验证戴维南定理

验证戴维南定理的步骤为：先确定被测有源二端网络的等效参数 U_{OC} 和 R_0 以建立戴维南模型。有源二端网络是指图 1.3.5（a）中所示虚线框部分，因此先断开 R_L。

（1）Multisim 仿真

在电路工作窗口画出电路原理图，从电源库中调用直流稳压电源及接地端，基本器件库中调用电阻元件，指示器件库中调用电流表、电压表，并双击各元件，为元件赋值，画出仿真电路如图 1.3.7 所示。其中 1.3.7（c）中的 U_{OC} 和 R_0 分别为图 1.3.7（a）中求出的开路电压 U_0 和图 1.3.7（b）中求出的等效电阻 R_0。单击 Multisim 软件右上角的仿真电源开关按钮，即可得到仿真结果。

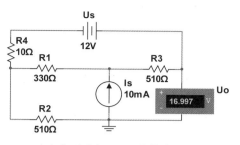

（a）求开路电压 U_0 的仿真电路　　　　（b）求等效电阻 R_0 的仿真电路

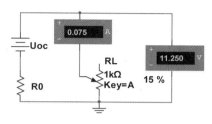

（c）戴维南定理仿真电路

图 1.3.7　根据戴维南定理步骤连接的仿真电路

（2）实际操作

① U_{OC1} 的确定：用直接法和零示法测出 U_{OC1} 和 U_{OC2}。为了减小误差，U_{OC} 的取值为 U_{OC1} 和 U_{OC2} 的平均值。将测量值和计算值填入表 1.3.2 中。

表 1.3.2　被测有源二端网络等效参数 U_{OC} 的实验数据

U_{OC1}	U_{OC2}	U_{OC}

② R_0 的确定：根据开路电压、短路电流法，先测出有源二端网络的短路电流 I_{SC}，填入表 1.3.3 中，根据已测数据 U_{OC} 和式（1.3.1）计算出 R_{01} 的值，填入表 1.3.3 中。再用半电压法测出 R_{02}，填入表 1.3.3 中。为了减小误差，R_0 取值为 R_{01} 和 R_{02} 的平均值。

表 1.3.3　被测有源二端网络等效参数 R_0 的实验数据

I_{SC}	R_{01}	R_{02}	R_0

③建立戴维南等效电路：由上述所得的 U_{OC} 和 R_0，建立有源二端网络戴维南等效电路。用电阻箱调出 R_0，用一路可调稳压电压源调出 U_{OC}，按如图 1.3.5（b）中虚线框所示连接电路，关闭电源。

④将电位器 R_L、直流电压表和直流电流表按如图 1.3.5（b）所示方式连接，打开电源。调节电位器 R_L，使其上电压 U 达到表 1.3.4 中各数值，分别记录下对应的电流值 I，填入表 1.3.4 中。

表 1.3.4　戴维南等效模型外特性的实验数据

U/V	1	2	3	4	5	6
I/mA						

3. 验证诺顿定理

验证诺顿定理,先得确定被测有源二端网络的等效参数 I_{SC} 和 R_0 以建立戴维南模型。

R_0 的确定同上,用电阻箱调出等效电阻 R_0 之值,然后用一路可调直流恒流源与等效电阻 R_0 并联,如图 1.3.2(b)所示,关闭电源。仿照步骤④测其外特性,将测量数据填入表 1.3.5 中。

表 1.3.5　诺顿等效模型外特性的实验数据

U/V	1	2	3	4	5	6
I/mA						

4. 注意事项

①电压源置 0 时不可将稳压电源的输出直接短路。实验中所谓"电压源视为短路",是指将电压源去掉后,将原来接入电源的两端用导线短接。

②测量电流时,应随时注意电流表的量程是否合适。

③用万用表直接测量有源二端网络等值内阻值 R_0 时,应先除源,即网络内的独立源必须先置 0,以免损坏万用表。

④用零式法测量有源二端网络的开路电压 U_{OC} 时,应先将稳压电源的输出调至接近于 U_{CO},再进行测量。

⑤更换实验电路时,首先必须关闭电源。

五、实验报告要求

①预习报告:复习戴维南定理和诺顿定理的实验原理;写出完整的实验步骤,包含相关实验电路图,设计记录实验数据的表格。

②实验过程记录:记录实际操作电路的元件参数数据,在实验数据记录表格中填写实际接线操作时观测得到的数据。

③结果处理及分析:根据表 1.3.1—表 1.3.5 的测试数据,在坐标纸上按比例绘制出原被测有源二端网络外特性曲线,再绘制戴维南等效电路或诺顿等效电路的外特性曲线并进行比较。验证戴维南定理和诺顿定理的正确性,并分析产生误差的原因。

④根据实验现象回答思考题②。

⑤总结分析在本实验过程中遇到的问题以及处理方法。

六、思考题

①说明测有源二端网络开路电压及等效内阻的几种方法,并比较其优缺点。

②在求戴维南或诺顿等效电路时做短路实验,测 I_{sc} 的条件是什么? 在本实验中可否直接做负载短路实验? 为什么?

实验 4
最大功率传输条件的测定

一、实验目的

① 掌握负载获得最大传输功率的条件。
② 了解电源输出功率与效率的关系。

二、实验原理

1. 电源与负载功率的关系

图 1.4.1 是一个电源向负载输送电能的模型，R_0 可视为电源内阻和传输线路电阻的总和，R_L 为可变负载电阻。

负载 R_L 上消耗的功率 P 可由式（1.4.1）表示：

$$P = I^2 R_L = \left(\frac{U}{R_0 + R_L} \right)^2 R_L \qquad (1.4.1)$$

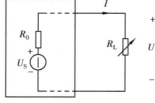

图 1.4.1 电源向负载传输电能的模型

当电源的戴维南等效模型中的等效参数 U_s 的 R_0 确定时，功率 P 就是 R_L 的一元函数。当 $R_L = 0$ 或 $R_L = \infty$ 时，电源输送给负载的功率均为 0。而以不同的 R_L 值代入上式可求得不同的 P 值，其中必有一个 R_L 值，使负载能从电源处获得最大的功率。

2. 负载获得最大功率的条件

根据数学求最大值的方法，令负载功率表达式中的 R_L 为自变量，P 为因变量，使 $\mathrm{d}P / \mathrm{d}R_L = 0$，即可求得最大功率传输的条件：

$$\frac{\mathrm{d}P}{\mathrm{d}R_L} = \frac{\left[\,(R_0+R_L)^2-2R_L(R_L+R_0)\,\right]U^2}{(R_0+R_L)^4} = 0 \qquad (1.4.2)$$

即
$$(R_L+R_0)^2-2R_L(R_L+R_0) = 0 \qquad (1.4.3)$$

解得
$$R_L = R_0 \qquad (1.4.4)$$

当满足 $R_L = R_0$ 时,负载从电源获得的最大功率,将式(1.4.4)代入式(1.4.1),其值为:

$$P_{\max} = \left(\frac{U}{R_0+R_L}\right)^2 R_L = \frac{U^2}{4R_L} \qquad (1.4.5)$$

这时,称此电路处于"阻抗匹配"工作状态,负载上能获得最大功率。

3. 匹配电路的特点

在电路处于"匹配"状态时,电源本身内阻 R_0 要消耗一半的功率。此时电源的效率只有 50% 。显然,这在电力系统的能量传输过程中是绝对不允许的。发电机的内阻很小,电路传输的主要指标是高效率,最好是能将 100% 的功率均传送给负载。为此负载电阻应远大于电源的内阻,即不允许运行在匹配状态。而在电子技术领域里却完全不同。一般的信号源本身功率较小,且都有较大的内阻,而负载电阻(如扬声器等)往往是较小的定值,且希望能从电源获得最大的功率输出,而电源的效率往往不予考虑。通常设法改变负载电阻,或者在信号源与负载之间加阻抗变换器(如音频功放的输出级与扬声器之间的输出变压器),使电路处于工作匹配状态,以使负载能获得最大的输出功率。

任何一个线性含源网络,如果仅研究其中一条支路的电压和电流,则可将电路的其余部分看作是一个有源二端网络(或称为含源一端口网络)。

三、实验设备

序号	名称	型号规格	数目	单位	备注
1	直流毫安表	0～500 mA	1	台	—
2	直流电压表	0～200 V	1	台	—
3	直流稳压电源	0～30 V	1	个	—
4	可调电阻箱	0～99 999.9 Ω	1	台	DGJ-05
5	线性电阻器	200 Ω	1	个	DGJ-05

四、实验内容

1. Multisim 仿真

在电路工作窗口画出电路原理图,从电源库中调用直流稳压电源及接地端,基本器件库中调用电阻元件,指示器件库中调用电流表、电压表,并双击各元件,为元件赋值,画出仿真电路如图 1.4.2 所示。单击 Multisim 软件右上角的仿真电源开关按钮,即可得到仿真结果。调节可变电阻器 R_L,令其阻值由大至小变化,观测电压表、电流表读数。

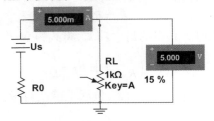

图 1.4.2 实际电压源的伏安特性仿真电路图

2. 实际操作

①如图 1.4.3 所示,调节直流稳压电源的输出电压 U_S 为 6 V,关闭电源。R_0 选取 200 Ω 的线性电阻,负载 R_L 取自元件箱 DGJ-05 的可调电阻箱,将上述元件和直流电压表、直流电流表按图 1.4.3 连接方式接入。

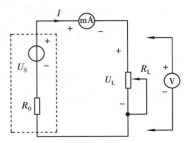

图 1.4.3 最大功率传输条件测定实验电路

②打开电源,调节电阻箱 R_L,令 R_L 达到表 1.4.1 中各数值,分别测出 U_0、U_L 及 I 的值,填入表 1.4.1 中。表中,I 为电路的电流,U_0、P_0 分别为稳压电源的输出电压和功率,U_L、P_L 分别为负载 R_L 两端的电压和功率。

表 1.4.1 线性电阻的伏安特性实验数据

R_L/Ω	50	100	150	170	190	195	200	205	210	230	280	1 000
U_0												
U_L												
I												
P_0												
P_L												

3. 注意事项

①电源用恒压源的可调电压输出端,其输出电压应根据计算的电压源 U_S 数值进行调整,

防止电源短路。

②测量中,随时注意电流表读数,及时更换电流表量程,勿使仪表超过量程,注意仪表的正负极性。

五、实验报告要求

①预习报告:分析什么是阻抗匹配以及电路传输最大功率的条件是什么;写出完整的实验步骤,包含相关实验电路图,记录实验数据的表格。

②实验过程记录:记录实际操作电路的元件数据,在实验数据记录表格中填写实际接线操作时观测得到的数据。

③结果处理及分析:根据表 1.4.1 的测试数据,在坐标纸上按照比例绘制出 P_L-R_L 的对应曲线,找出传输最大功率的条件。

④根据实验现象回答思考题②。

⑤总结分析在本实验过程中遇到的问题以及处理方法。

六、思考题

①实际应用中,电源的内阻是否随负载而变化?

②电源电压的变化对最大功率传输的条件有无影响?

③电力系统进行电能传输时为什么不能工作在匹配工作状态?

实验 5
日光灯电路功率因数的提高

一、实验目的

①了解日光灯的工作原理和安装方法。
②学习提高感性负载功率因数的方法,认识提高功率因数的意义。
③掌握交流电压表、交流电流表、功率表的使用。

二、实验原理

1.日光灯工作原理

（1）日光灯组成
日光灯电路由灯管、镇流器和启辉器构成,其原理图如图 1.5.1 所示。

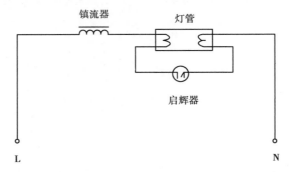

图 1.5.1　日光灯电路

日光灯灯管是一根玻璃管,灯管内充有稀薄的惰性气体和水银蒸气,内壁涂有一层荧光粉,两端装有灯丝电极,灯丝涂有受热后易于发射电子的氧化物。

镇流器是与日光灯串联的一个元件,实际上就是绕在硅钢片铁芯上的电感线圈,其感抗值很大,用以限制和稳定灯管电流,故称镇流器。此外,镇流器还有一个重要作用,就是产生足够的自感电动势以击穿灯管中的气体,使灯管发光。

启辉器是由辉光管和一个小电容器组成,用圆柱形的铝罩加以封装。辉光管是一个充有氖气的小玻璃泡,玻璃泡内装有一对触片,一个是固定的静触片,另一个是膨胀系数不同的双金属制成的倒 U 形的动触片,如图 1.5.2 所示。

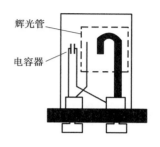

图 1.5.2 启辉器

如果在启辉器两端加上适当的电压,就能在两触片的间隙中产生辉光放电,使金属片受热膨胀,从而与静触片相碰。相碰后由于两触片间的间隙消失,启辉器不再放电,双金属片冷却而恢复原位,但触片间仍保持一定间隙。电容与氖泡并联,作用是吸收辉光放电而产生的谐波,以免影响电视、收音机、音响、手机等设备的正常运作,还能使动静触片在分离时不产生火花,以免烧坏触点;但没有电容器,启辉器也可照常工作。

(2)日光灯工作过程

当电源接通时,由于日光灯没有点亮,电源电压通过镇流器和灯管两端的灯丝加到启辉器的两个电极之间,引起辉光放电,放电产生的热量使启辉器的两个触片相碰而构成一条通路,电流经过这个通路使灯管中的灯丝加热。此时,因为启辉器的触片动作而相碰,启辉器两触片间的电压为零,辉光放电消失,两触片由于冷却而断开,使电路中的电流突然中断。此时,镇流器两端产生一个高电压,该电压与电源叠加后作用在灯管两端,使灯管中的气体电离而产生弧光放电,温度逐渐升高,水银蒸气粉发出可见光,日光灯被点亮。日光灯点亮后,灯管两端的电压就降下来,为 80 ~ 120 V,这样低的电压无法使启辉器再起辉。因此,当日光灯点燃后,启辉器就不起作用了。

2. 提高功率因数的方法和意义

功率因数的高低涉及发电设备和用电设备能否充分利用电能。设备处于低功率因数下运行,会引起两个问题:一是不能充分利用电气设备的容量,发电机在额定电压和额定电流下运行时发出的平均功率为:

$$P = UI \cos \varphi \tag{1.5.1}$$

当负载是感性或容性时,由于 $\cos \varphi < 1$,则发电机输出的功率 P 要小于其容量,发电机得不到充分利用;二是输电线路的电能损失大,因为当发电机的电压 U 和输出功率 P 一定时,由式(1.5.1)知电流 I 和功率因数 $\cos \varphi$ 成反比,功率因数低,电流大,消耗在线路上的电能就多。

在实际应用中,感性负载很多,如电动机、变压器以及日常照明用的日光灯,其功率因数较低。传输效率低,发电设备的容量得不到充分利用。提高功率因数的简便而有效的方法之一,就是给电感性负载并联适当大小的电容器(又称静止补偿器),如图 1.5.3 所示。

因为是并联,原支路的电压 $\dot{U}$ 和电流 $\dot{I}_1$ 不变,保证了原电路中元器件的额定工作状态,并联后总电流 $\dot{I}$ 为:

$$\dot{I} = \dot{I}_1 + \dot{I}_C \tag{1.5.2}$$

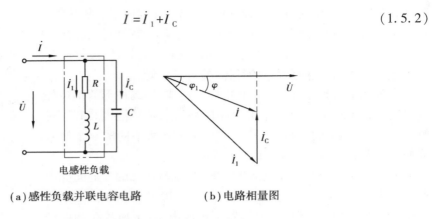

（a）感性负载并联电容电路　　　（b）电路相量图

图 1.5.3　电感性负载电路功率因数的提高

总电流 $\dot{I}$ 与电源电压 $\dot{U}$ 的相位差由原来的 φ_1 变为 φ，相位差减小，因此功率因数提高了，并且总电流 $\dot{I}$ 减小使得输电线路损耗降低。

3.功率表的使用

用于测量功率的仪表称为功率表，基本结构及符号如图 1.5.4 所示。由式（1.5.1）知，功率与电压和电流相关，所以功率表中有两组测量线圈：一组线圈用于测量负载电压，另一组线圈用于测量负载电流。用于测量负载电压的线圈是一组可动线圈，匝数较多，线径较细，并串联有高阻值的倍压器，测量时将它与负载并联连接；用于测量负载电流的线圈是一组固定线圈，匝数较少，线径较粗，测量时将它与负载串联连接。为了保证功率表的正确连接，在两个线圈的始端都标注"·"号，这两端均应连在电源的同一端上。

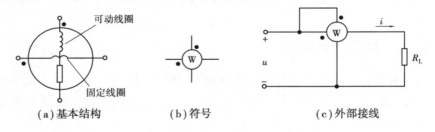

（a）基本结构　　　　（b）符号　　　　　（c）外部接线

图 1.5.4　功率表基本结构、符号及电路图

三、实验设备

序号	名称	型号与规格	数目	单位
1	调压器	—	1	台
2	交流电源	—	1	个
3	交流电压表	0 ~ 500 V	1	台

续表

序号	名称	型号与规格	数目	单位
4	交流电流表	0~5 A	1	台
5	功率表	—	1	台
6	日光灯灯管	30 W	1	个
7	日光灯启辉器	30 W	1	个
8	日光灯镇流器	30 W	1	个
9	电容	1 μF、2.2 μF、4.7 μF	各1	个

四、实验内容

1. Multisim 仿真

在电路工作窗口画出电路原理图,从电源库中调用交流电源,基本器件库中调用电阻、电感、电容器元件及单向开关,指示器件库中调用电流表、电压表,仪器栏中调用功率表,并双击各元件,为元件赋值,画出仿真电路如图1.5.5所示。单击 Multisim 软件右上角的仿真电源开关按钮,即可得到仿真结果。断开开关,观察相应的电流表、电压表及功率表读数;改变电容值并闭合开关,观察相应的电流表、电压表及功率表读数。

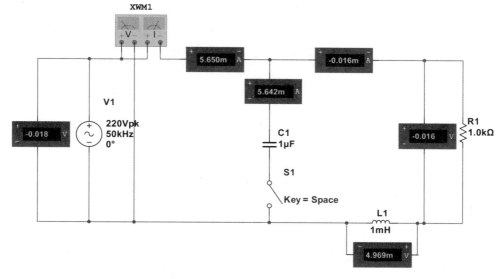

图1.5.5　日光灯电路仿真电路图

2. 实际操作

（1）连接日光灯电路

按图 1.5.6 所示电路接线,经教师检查后,打开电源。

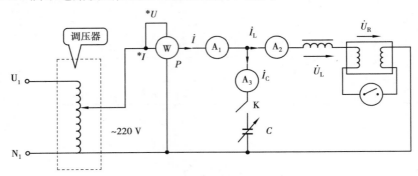

图 1.5.6　日光灯电路图

（2）测量日光灯电路中没有并接电容时的各参数

调节调压器旋钮使电源相电压为 220 V,日光灯正常发光后,没有并联电容时,测出各部分的电压和电流、有功功率及功率因数,将数据填入表 1.5.1 中,并由式（1.5.1）计算出功率因数。

表 1.5.1　日光灯电路数据测量表

电容	测量值								计算值
	U/V	U_R/V	U_L/V	I/A	I_L/A	I_C/A	P/W	$\cos\varphi$	$\cos\varphi$
无电容	220								
1 μF	220								
2.2 μF	220								
4.7 μF	220								

（3）测量日光灯电路中并联不同电容时的各参数

按表 1.5.1 中的顺序从小到大增加并联电容值,分别测出并记录下各部分的电压、电流、有功功率,同时计算出功率因数,观察各参数的变化,也可根据功率因数的数据分别满足欠补偿、全补偿、过补偿来选择合理的并联电容值。

（4）（选作）测量日光灯电路中并联过大电容时的各参数

在日光灯两端同时并联 4.7 μF 和 1 μF 电容、4.7 μF 和 2.2 μF 电容两种情况下,分别测出并记录下各部分的电压、电流、有功功率及功率因数值,同时计算出功率因数,填入表 1.5.2 中,并观察各参数的变化。

表 1.5.2　日光灯电路并联过大电容时的数据测量表

电容	测量值								计算值
	U/V	U_R/V	U_L/V	I/A	I_L/A	I_C/A	P/W	$\cos \varphi$	$\cos \varphi$
4.7 μF 和 1 μF	220								
4.7 μF 和 2.2 μF	220								

3. 注意事项

①接线和拆线前,应断开电源,避免带电操作,造成触电。

②功率表要正确接入电路,读数时要注意量程和实际读数的折算关系。

③线路接线正确,日光灯不能启辉时,应检查启辉器是否处于工作状态及其接触是否良好。

④调压器应从 0 V 逐渐上升,待日光灯点亮后保持电压 $U = 220$ V,保证日光灯在额定状态下工作。

⑤镇流器必须与灯管串联以免损坏灯管,整个实验过程中不必中途断电。

⑥完成实验后,通过调压器将电压调节为 0 V,然后实验平台断电。

五、实验报告要求

①预习报告:学习日光灯工作原理,复习提高日光灯电路功率因数提高原理;写出完整的实验步骤,包含相关实验电路图,设计记录实验数据的表格。

②实验过程记录:记录实际操作电路的元件参数,在实验数据记录表格中填写实际接线操作时观测得到的数据,根据测试的电流、电压及有功功率数据填写表格中功率因数计算值。

③结果处理及分析:根据表 1.5.1 中的数据,在同一坐标图上绘制 $\cos \varphi = f(C)$ 及 $I = f(C)$ 曲线,分析电容 C 与功率因数 $\cos \varphi$ 和总电流 I 的关系。

④根据实验现象回答思考题②。

⑤总结分析在本实验过程中遇到的问题以及处理方法。

六、思考题

①如果感性负载两端并联的电容过大,会出现什么问题? 为什么?

②在感性负载上串联电容,是否可以达到提高功率因数的目的? 为什么?

③比较功率因数 $\cos \varphi$ 的测量值与计算值,并分析其误差原因。

実验 **6**

基于 Multisim 的交流电路频率特性研究

一、实验目的

①掌握 RC 滤波电路的频率特性。
②掌握 RLC 串联电路的谐振特性,学会计算电路的品质因数。
③学会测定交流电路频率特性的方法。
④学习使用信号源、频率计和交流毫伏表的方法。
⑤进一步理解频率对交流电路响应的影响。

二、实验原理

当交流电路中正弦激励的频率变化时,交流电路的响应也会发生变换。交流电路响应与频率的关系,称为频率响应,这在实际应用中十分重要。

1. 滤波电路

滤波电路是所需要频率范围内的信号可以顺利通过,而其他频率的信号会被抑制的电路。在滤波电路中,按能顺利通过电路的频率范围即通频带划分,可分为低通、高通、带通和带阻滤波电路。

（1）RC 低通滤波器

RC 低通滤波器如图 1.6.1 所示。其传递函数为:

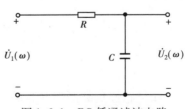

图 1.6.1　RC 低通滤波电路

$$T(\omega) = \frac{\dot{U}_2(\omega)}{\dot{U}_1(\omega)} = \frac{\frac{1}{j\omega C}}{R + \frac{1}{j\omega C}} = \frac{1}{\sqrt{1 + (\omega RC)^2}} \angle -\arctan(\omega RC) \qquad (1.6.1)$$

从式(1.6.1)可知 RC 低通滤波电路的幅频特性为:

$$|T(\omega)| = \frac{1}{\sqrt{1+(\omega RC)^2}} \tag{1.6.2}$$

在频率轴上可画出其幅频特性曲线,如图 1.6.2 所示。

在幅频特性曲线上,当 $\omega = \omega_0 = 1/RC$ 时,输出电压下降到输入电压的 70.7%,则称 ω_0 为截止频率。当 $\omega < \omega_0$ 时,$|T(\omega)|$ 接近于 1;当 $\omega > \omega_0$ 时,$|T(\omega)|$ 明显下降,因此 RC 电路具有易使低频信号通过,抑制高频信号的特点,故称为低通滤波电路,频率范围 $0 < \omega < \omega_0$ 称为通频带。

(2)RC 高通滤波器

RC 高通滤波器如图 1.6.3 所示。

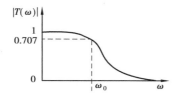

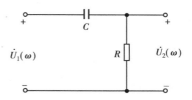

图 1.6.2　RC 低通滤波电路的幅频特性　　图 1.6.3　RC 高通滤波电路

传递函数为:

$$T(\omega) = \frac{\dot{U}_2(\omega)}{\dot{U}_1(\omega)} = \frac{R}{R + \dfrac{1}{j\omega C}} = \frac{1}{\sqrt{1+\left(\dfrac{1}{\omega RC}\right)^2}} \angle -\arctan\frac{1}{\omega RC} \tag{1.6.3}$$

同理,得到幅频特性为:

$$|T(\omega)| = \frac{1}{\sqrt{1+\left(\dfrac{1}{\omega RC}\right)^2}} \tag{1.6.4}$$

在频率轴上画出幅频特性曲线,如图 1.6.4 所示。

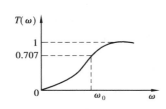

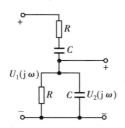

图 1.6.4　高通滤波电路的幅频特性　　图 1.6.5　RC 带通滤波电路

当 $\omega = 1/RC$ 时,$|T(\omega)| = 1/\sqrt{2} = 0.707$,可以看出此 RC 电路具有使高频信号易通过,抑制低频信号的特点,因此称为高频滤波电路。

(3)RC 带通滤波器

RC 带通滤波器如图 1.6.5 所示。其传递函数为:

$$T(\omega) = \frac{\dot{U}_2(\omega)}{\dot{U}_1(\omega)} = \frac{\dfrac{\dfrac{R}{j\omega C}}{R + \dfrac{1}{j\omega C}}}{R + \dfrac{1}{j\omega C} + \dfrac{\dfrac{R}{j\omega C}}{R + \dfrac{1}{j\omega C}}} = \frac{1}{\sqrt{3^2 + \left(\omega RC - \dfrac{1}{\omega RC}\right)^2}} \angle -\arctan \frac{\omega RC - \dfrac{1}{\omega RC}}{3}$$

$$(1.6.5)$$

幅频特性为：

$$|T(\omega)| = \frac{1}{\sqrt{3^2 + \left(\omega RC - \dfrac{1}{\omega RC}\right)^2}} \qquad (1.6.6)$$

在频率轴上的幅频特性曲线如图 1.6.6 所示。

当 $\omega = \omega_0 = \dfrac{1}{RC}$ 时，$|T(\omega)| = \dfrac{1}{3}$，即 $|T(\omega)|$ 的最大值等于 $\dfrac{1}{3}$，当其下降到 70.7% 时所对应的频率是 ω_1 和 ω_2，$\omega_1 < \omega_2$，ω_1 称为下限频率，ω_2 称为上限频率。ω_1 到 ω_2 之间的频率段称为通频带 $\Delta\omega = \omega_2 - \omega_1$。此电路只使一段频率信号通过，称为带通滤波电路，常用来选频。

2. 谐振电路

在交流电路中，当电容和电感处于同一个电路时，会发生谐振现象。谐振现象就是电路虽具有电容和电感，但在电路两端的电压和电流却是同相的，呈现电阻的特征。谐振现象的研究具有重要的实际意义，一方面这种现象得到了非常广泛的应用，但另一方面在某些场合谐振现象会产生危害。根据电路的结构，谐振又分为串联谐振和并联谐振。

如图 1.6.7 所示，电路中频率的改变会引起电抗的改变，从而引起阻抗 Z 的改变。当阻抗 Z 上的电压 $\dot{U}$ 和电流 $\dot{I}$ 同相时，这种工作状态称为谐振。

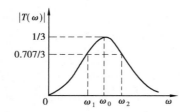

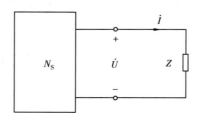

图 1.6.6　带通滤波电路的幅频特性　　　　图 1.6.7　谐振电路

如图 1.6.8 所示为 RLC 串联电路，其阻抗 $Z = R + j\left(\omega L - \dfrac{1}{\omega C}\right)$。当 $\omega_0 L - \dfrac{1}{\omega_0 C} = 0$ 时，该电路发生谐振，此时 $\omega_0 = \dfrac{1}{\sqrt{LC}}$，谐振频率为：

$$f_0 = \frac{1}{2\pi\sqrt{LC}} \qquad (1.6.7)$$

RLC 串联谐振电路的特点是：阻抗 Z 的模为最小值，呈现电阻型，即 $Z = R$；电流 I 最大，$I =$

$\dfrac{U}{R}$;电压关系为 $\dot U_{\mathrm R}=U,\dot U_{\mathrm L}+\dot U_{\mathrm R}=0$。

以频率 f 为横坐标,以电阻电压 $U_{\mathrm R}$ 为纵坐标,可绘出其幅频特性曲线,也称谐振曲线,如图1.6.9所示。

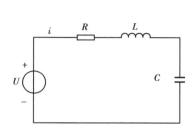

图1.6.8 RLC 串联电路

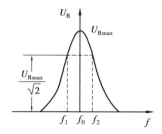

图1.6.9 幅频特性曲线

RLC 谐振电路的品质因数为:

$$Q=\frac{U_{\mathrm L}}{U}=\frac{U_{\mathrm C}}{U}=\frac{\omega_0 L}{R}=\frac{1}{\omega_0 CR}=\frac{1}{R}\sqrt{\frac{L}{C}}=\frac{f_0}{f_2-f_1} \qquad (1.6.8)$$

三、实验设备

序号	名称	型号与规格	数目	单位
1	调压器	—	1	台
2	交流电源	—	1	个
3	交流毫伏表	—	1	台
4	电阻	1 kΩ	2	个
5	电感	1 H	1	个
6	电容	1 μF	2	个

四、实验内容

1. RC 低通滤波电路

(1)Multisim 仿真

在电路工作窗口画出电路原理图,从电源库中调用交流电源,基本器件库中调用电阻和电感元件,仪器库中调用数字万用表,并双击各元件,为元件赋值,画出仿真电路如图1.6.10所示。单击 Multisim 软件右上角的仿真电源开关按钮,即可得到仿真结果。

37

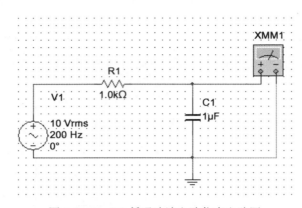

图 1.6.10　RC 低通滤波电路仿真电路图

（2）实际操作

按如图 1.6.1 所示操作方式接线，$R=1\ \text{k}\Omega$，$C=1\ \mu\text{F}$。用信号源输出正弦波电压作为电路的激励信号（即输入电压）$U_1(\omega)$，调节信号源正弦波输出电压幅值，并用交流毫伏表测量，使激励信号 $U_1(\omega)$ 的有效值 $U_1=10\ \text{V}$，并保持不变。调节信号源的输出频率，从 20 Hz 逐渐增至 1 kHz（用频率计测量），用交流毫伏表测量响应信号（即输出电压）$U_2(\omega)$，并分析出截止频率 f_0，与计算值进行对比，将数据记入表 1.6.1 中。

表 1.6.1　RC 低通滤波电路数据表

电源频率 f/Hz	20	50	100	150	155	159	160	180	250	500	1 000
输出电压 U_2/V											
截止频率：测量值 $f_0=($　　　$)$ Hz　　　计算值 $f_0=($　　　$)$ Hz											

2. RC 高通滤波电路

（1）Multisim 仿真

在电路工作窗口画出电路原理图，从电源库中调用交流电源，基本器件库中调用电阻和电容器元件，仪器库中调用数字万用表，并双击各元件，为元件赋值，画出仿真电路如图 1.6.11 所示。单击 Multisim 软件右上角的仿真电源开关按钮，即可得到仿真结果。

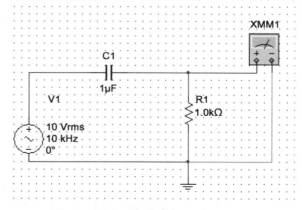

图 1.6.11　RC 高通滤波电路仿真电路图

（2）实际操作

按如图 1.6.3 所示操作方式接线，$R = 1\ \text{k}\Omega$，$C = 1\ \mu\text{F}$。用信号源输出正弦波电压作为电路的激励信号（即输入电压）$U_1(\omega)$，调节信号源正弦波输出电压幅值，并用交流毫伏表测量，使激励信号 $U_1(\omega)$ 的有效值 $U_1 = 10\ \text{V}$，并保持不变。调节信号源的输出频率，从 50 Hz 逐渐增至 10 kHz（用频率计测量），用交流毫伏表测量响应信号（即输出电压）$U_2(\omega)$，并分析出截止频率 f_0，与计算值进行对比，将数据记入表 1.6.2 中。

表 1.6.2　RC 高通滤波电路数据表

电源频率 f/Hz	50	100	150	159	160	180	250	500	1 000	2 000	10 000
输出电压 U_2/V											
截止频率:测量值 f_0 = (　　) Hz　　　计算值 f_0 = (　　) Hz											

3. RC 带通滤波电路

（1）Multisim 仿真

在电路工作窗口画出电路原理图，从电源库中调用交流电源，基本器件库中调用电阻和电容器元件，仪器库中调用数字万用表，并双击各元件，为元件赋值，画出仿真电路如图 1.6.12 所示。单击 Multisim 软件右上角的仿真电源开关按钮，即可得到仿真结果。

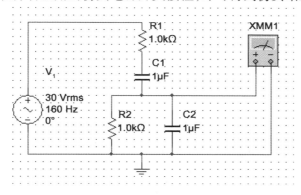

图 1.6.12　RC 带通滤波电路仿真电路图

（2）实际操作

按如图 1.6.5 所示操作方式接线，其中 $R_1 = R_2 = 1\ \text{k}\Omega$，$C_1 = C_2 = 1\ \mu\text{F}$。用信号源输出正弦波电压作为电路的激励信号（即输入电压）$U_1(\omega)$，调节信号源正弦波输出电压幅值，并用交流毫伏表测量，使激励信号 $U_1(\omega)$ 的有效值 $U_1 = 30\ \text{V}$，并保持不变。调节信号源的输出频率，从 50 Hz 逐渐增至 10 kHz（用频率计测量），用交流毫伏表测量响应信号（即输出电压）$U_2(\omega)$，并分析出上限截止频率 f_1 和下限截止频率 f_2，与计算值进行对比，将数据填入表 1.6.3 中。

表 1.6.3　RC 带通滤波电路数据表

电源频率 f/Hz	50	100	150	159	160	180	250	500	1 000	2 000	10 000
输出电压 U_2/V											
上限截止频率 f_1 = (　　) Hz　　　下限截止频率 f_2 = (　　) Hz											

4. RLC 串联谐振电路

（1）Multisim 仿真

在电路工作窗口画出电路原理图，从电源库中调用交流电源，基本器件库中调用电阻、电感和电容元件，仪器库中调用数字万用表，并双击各元件，为元件赋值，画出仿真电路如图 1.6.13 所示。单击 Multisim 软件右上角的仿真电源开关按钮，即可得到仿真结果。

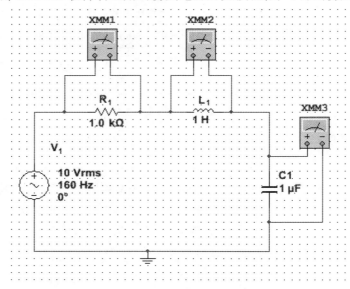

图 1.6.13　RLC 串联谐振电路仿真电路图

（2）实际操作

按图 1.6.8 所示操作方式接线，其中 $R_1 = 1$ kΩ, $C_1 = 1$ μF, $L_1 = 1$ H。用信号源输出正弦波电压作为电路的激励信号（即输入电压）$U_1(\omega)$，调节信号源正弦波输出电压幅值，并用交流毫伏表分别测量电阻电压 U_R、电感电压 U_L 和电容电压 U_C。令电源电压 $U = 10$ V 保持不变，测试出该电路的谐振频率 f_o。方法是：令电源的频率由小逐渐变大，当 U_R 的读数接近 10 V 时，此时的频率即为该电路的谐振频率 f_o。在谐振频率 f_o 两侧，依次取 10 个测量点，分别测出 U_R、U_L、U_C 的值，并计算出谐振时的品质因数 Q，将数据记入表 1.6.4 中。最后，用示波器观察输入电压和电阻电压波形图。

表 1.6.4　RLC 串联谐振电路数据表 1

f/Hz										
U_R/V										
U_L/V										
U_C/V										
$U_i = 10$ V, $R = 1$ kΩ, $L = 1$ H, $C = 1$ μF 时，谐振频率 $f_o = ($　　$)$ Hz, $Q = ($　　$)$										

令电源电压 $U = 10$ V 和电源频率 60 Hz 保持不变，改变电容参数，使电路发生谐振，测试发生谐振时的电容值 C。在谐振发生时电容 C 两侧，依次取 10 个测量点，分别测出 U_R、U_L、U_C

的值,并计算出谐振时的品质因数 Q,将数据记入表 1.6.5 中。最后,用示波器观察谐振时输入电压和电阻电压、电容电压和电感电压的波形图。

表 1.6.5 RLC 串联谐振电路数据表 2

$C/\mu\text{F}$								
U_R/V								
U_L/V								
U_C/V								
$U_i = 10$ V, $f = 60$ Hz, $R = 1$ kΩ, $L = 1$ H 时,谐振频率 $f_o =$ ( ) Hz, $Q =$ ( )								

5.（选作）RLC 并联谐振电路

如图 1.6.14 所示的 RLC 并联电路,电源电压 $U_1 = 10$ V,电阻 $R = 1$ kΩ,电感 $L = 1$ H,电容 $C = 1$ μF。

保持电源电压大小始终为 10 V,改变电源频率,用上述方法测试出该电路的谐振频率,并将数据填入数据表 1.6.6 中。

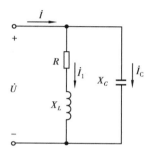

图 1.6.14 RLC 并联电路

表 1.6.6 RLC 并联谐振电路数据表

f/Hz								
U_C/V								
$U_i = 10$ V, $R = 1$ kΩ, $L = 1$ H, $C = 1$ μF 时,谐振频率 $f_o =$ ( ) Hz								

6.注意事项

交流毫伏表属于高阻抗电表,测量前必须先调零。

五、实验报告要求

①预习报告:分析电阻、电感及电容单个元件阻抗与频率的关系;写出完整的实验步骤,包含相关实验电路图,记录实验数据的表格。

②实验过程记录:记录实际操作电路的元件数据,在实验数据记录表格中填写实际接线操作时观测得到的数据。

③结果处理及分析:根据表 1.6.1 和表 1.6.2 的实验数据,在坐标纸上绘制低通滤波器、高通滤波器和带通滤波器的幅频特性曲线,从曲线上求得截止频率 f_0,并与计算值相比较;此外,说明它们各具有什么特点。

根据表 1.6.3 的实验数据,在坐标纸上绘制带通滤波器的幅频特性曲线,从曲线上求得截

41

止频率 f_1 和 f_2，并计算通频带 BW。

根据表 1.6.4 的实验数据，在坐标纸上绘制 RLC 串联电路的幅频特性曲线 $U_R = y(f)$。

④根据实验现象，回答思考题②。

⑤总结分析在本实验过程中遇到的问题以及处理方法。

六、思考题

①什么是频率特性？高通滤波器、低通滤波器和带通滤波器的幅频特性有何特点？如何测量？

②对于 RLC 串联电路，要使电路发生谐振，可以通过调节哪些参数来实现？

③图 1.6.14 所示的 RLC 并联电路，分析发生谐振时电路的特点，并说明测量出的谐振频率和计算得到的谐振频率不完全相同的原因。

実验 **7**

三相交流电路的分析

一、实验目的

①掌握三相负载作星形连接、三角形连接的方法，验证这两种接法下线、相电压及线、相电流之间的关系。

②充分理解三相四线供电系统中中线的作用。

二、实验原理

三相负载是指必须由三相电源供电的设备，如三相交流异步电动机等。当三相负载的阻抗完全相等时，称为三相对称负载；否则，称为不对称负载。由三相电源和三相负载组成的电路，称为三相电路；由对称三相电源和对称三相负载组成的三相电路称为对称三相电路；如负载不对称，则称为不对称三相电路。

1. 三相负载的星形连接

把三相负载的 3 个末端连接在一个公共点 N′（负载中性点）上，并把 N′ 与电源中性线相接，把负载的另外 3 个端子 A′、B′、C′ 分别与电源端线相接，就构成了三相四线制星形连接电路（Y_0-Y_0），如图 1.7.1 所示。

当三相对称负载作星形连接时，线电流 I_L 等于相电流 I_P。如果保证 N 与 N′ 为等位点，则线电压 U_L 是相电压 U_P 的 $\sqrt{3}$ 倍，即

$$\begin{cases} U_L = \sqrt{3}\,U_P \\ I_L = I_P \end{cases} \tag{1.7.1}$$

要使 N 与 N′ 为等位点，有两种情况可以实现：一是 N 与 N′ 间有中线，强制 N 与 N′ 为等位点；二是负载对称，N 与 N′ 间的电位差为零，N 与 N′ 为等位点。在第二种情况下，$U_{NN'}=0$，所以

中线电流 $I_N = 0$，因此对称负载的三相电路可以省去中线，成为三相三线制电源供电。如果负载不对称，又无中性线的情况，则 $U_{NN'} \neq 0$，各负载上的相电压不再相等。

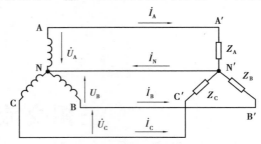

图 1.7.1　三相负载的星形连接

2.三相负载的三角形连接

把三相负载的首尾依次连接在一起构成一个闭环，各相负载的首端分别与电源端线相接，即构成了负载三角形连接的三相电路，这种连接方法只能是三相三线制，如图 1.7.2 所示。

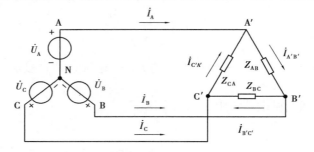

图 1.7.2　三相负载的三角形连接

当三相负载作三角形连接时，线电压 U_L 等于相电压 U_P。如果保证负载对称，则线电流 I_L 是相电流 I_P 的 $\sqrt{3}$ 倍，即

$$\begin{cases} U_L = U_P \\ I_L = \sqrt{3}\,I_P \end{cases} \qquad (1.7.2)$$

如果负载不对称，则线电流与相电流满足各节点上的 KCL 定律。

三、实验设备

序号	名称	型号与规格	数目	单位	备注
1	交流电压表	0 ~ 500 V	1	台	—
2	交流电流表	0 ~ 5 A	1	台	—
3	万用表	FM-47 或其他	1	台	自备
4	三相自耦调压器	—	1	个	—

序号	名称	型号与规格	数目	单位	备注
5	三相灯组负载	220 V,25 W 白炽灯	9	个	DGJ-04
6	电流插座	—	3	个	DGJ-04

四、实验内容

1．三相电源

（1）Multisim 仿真

在电路工作窗口画出电路原理图,三相电压源可以从 Multisim 电源库 ✚ 的"⚡POWER_SOURCES"中选择"THREE_PHASE_WYE",从指示器件库中调用电压表,将电压表设定为 AC 模式,仿真电路图如图 1.7.3(a)所示。也可以使用单相交流电源连接而成,从电源库 ✚ 的"⚡POWER_SOURCES"中选择"AC_POWER",设定电源的有效值为 127 V,频率为 50 Hz,相位设定如图 1.7.3(a)所示,从指示器件库中调用电压表,将电压表设定为 AC 模式,接法如图 1.7.3(b)所示,其中 U、V、W 为相线,N 为中性线。星形连接中,线电压 U_l(即相线与相线之间的电压)是相电压 U_p(即相线与中性线间的电压)的 $\sqrt{3}$ 倍。

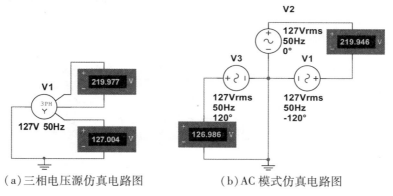

（a）三相电压源仿真电路图 　　　　（b）AC 模式仿真电路图

图 1.7.3　三相电源星形连接仿真电路图

（2）实际操作

先将三相调压器的旋柄置于输出为 0 V 的位置（即逆时针旋到底）。打开装置上的绿色"启动"按钮,用交流电压表检测调压器副边线圈上的某相输出的线电压。调节调压器的输出,使输出的线电压 $U_{UV}=220$ V,分别测出其他两个线电压 U_{VW} 和 U_{WU},以及其余 3 个相电压 U_{UN}、U_{VN}、U_{WN},将测得的结果填入表 1.7.1 中。

表 1.7.1　三相电源电压的测量

U_{UV}/V	U_{VW}/V	U_{WU}/V	U_{UN}/V	U_{VN}/V	U_{WN}/V
220					

测量完毕,按下"停止"按钮,再进行后面的接线,严禁带电接线。后面断电用"停止"按

钮,通电用"启动"按钮,不再动调压器。

2.三相负载的星形连接

(1)Multisim 仿真

在电路工作窗口画出电路原理图,从电源库中调用三相交流电源及接地端,基本器件库中调用电阻元件,指示器件库中调用电流表并设定为 AC 模式,指示栏中调用万用表并选择测试交流电压,双击各元件,为元件赋值,画出仿真电路如图 1.7.4 所示。单击 Multisim 软件右上角的仿真电源开关按钮,即可得到仿真结果。

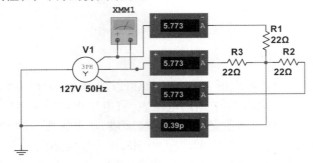

图 1.7.4　三相负载星形连接的仿真电路图

(2)实际操作

实验电路图如图 1.7.5 所示。三相负载经三相自耦调压器接通三相对称电源。

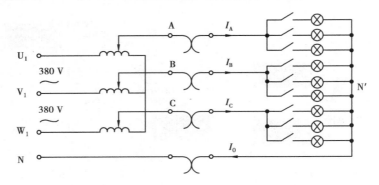

图 1.7.5　三相负载星形连接的实验电路图

经指导教师检查合格后接通三相电源,见表 1.7.2 所示要求内容,分别测量三相负载星形连接时在对称与不对称情况下的线电压、相电压、电源与负载中点间的电压、线电流、中线电流,将所测得的数据记入表 1.7.2 中。

表 1.7.2　星形负载的测试参数

测量数据 负载情况		线电压/V			相电压/V			中点电压/V	线电流 /A			中线电流 /A
		U_{AB}	U_{BC}	U_{CA}	$U_{AN'}$	$U_{BN'}$	$U_{CN'}$	$U_{NN'}$	I_A	I_B	I_C	I_N
对称	有中线											
	无中线											

续表

负载情况	测量数据	线电压/V			相电压/V			中点电压/V	线电流/A			中线电流/A
		U_{AB}	U_{BC}	U_{CA}	$U_{AN'}$	$U_{BN'}$	$U_{CN'}$	$U_{NN'}$	I_A	I_B	I_C	I_N
不对称	有中线											
	无中线											

实验过程中注意观察各相灯组亮暗的变化程度,特别要对比观察负载相同情况下有无中线的参数变化。

设置不对称情况为:A 相负载 2 个灯泡,B 相负载 1 个灯泡,C 相负载 3 个灯泡。后三角形连接同。

3. 三相负载的三角形连接

（1）Multisim 仿真

在电路工作窗口画出电路原理图,从电源库中调用三相交流电源及接地端,基本器件库中调用电阻元件,指示器件库中调用电流表并设定为 AC 模式,指示栏中调用万用表并选择测试交流电压,双击各元件,为元件赋值,画出仿真电路如图 1.7.6 所示。单击 Multisim 软件右上角的仿真电源开关按钮,即可得到仿真结果。

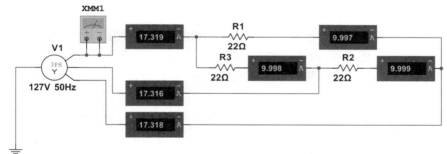

图 1.7.6　三相负载三角形连接的仿真电路图

（2）实际操作

实验电路图如图 1.7.7 所示。

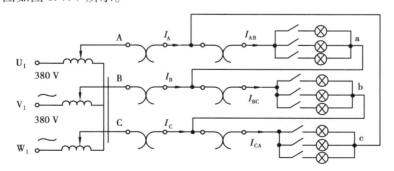

图 1.7.7　三相负载三角形连接的实验电路图

经指导教师检查合格后接通三相电源,并按表 1.7.3 所示要求内容,分别测量三相负载三角形连接时在对称与不对称情况下的线(相)电压、线电流、相电流,将所测得的数据记入表 1.7.3 中。

表 1.7.3　三角形负载的测试参数

测量数据 \ 负载情况	线电压＝相电压/V			线电流/A			相电流/A		
	U_{AB}	U_{BC}	U_{CA}	I_A	I_B	I_C	I_{AB}	I_{BC}	I_{CA}
对称									
不对称									

实验过程中注意观察各相灯组亮暗的变化程度。

4. 注意事项

①接线和拆线前,应断开电源,避免带电操作,造成触电。
②按照相位线的颜色进行接线,确保电源接线正确,避免因接错导致测量错误。
③按照电路特性和测量要求选择合适的量程范围。

五、实验报告要求

①预习报告:分析负载星形连接、三角形连接时相电压、线电压、相电流、线电流之间的关系;写出完整的实验步骤,包含相关实验电路图,记录实验数据的表格。
②实验过程记录:记录实际操作电路的元件数据,在实验数据记录表格中填写实际接线操作时观测得到的数据。
③结果处理及分析:根据表 1.7.1 总结出三相电源的特点,并分析误差原因;根据表 1.7.2 和表 1.7.3 的参数测试数据,在星形连接和三角形连接这两种连接方式下,总结出线与相电压、线与相电流的关系;用实验数据和观察到的现象,总结三相四线供电系中,负载星形连接时中线的作用。
④根据实验现象回答思考题②。
⑤总结分析在本实验过程中遇到的问题以及处理方法。

六、思考题

①不对称三角形连接的负载,能否正常工作? 实验是否能证明这一点?
②采用三相四线制时,为什么中线不允许装保险丝?

实验 **8**
三相电路功率的测量

一、实验目的

①掌握用一表法、二表法测量三相电路有功功率与无功功率的方法。
②进一步熟练掌握功率表的接线和使用方法。

二、实验原理

在正弦稳态电路中,某负载所消耗的功率 P 为: $P = UI\cos\varphi$ 。其中,U 为功率表电压线圈所跨接的负载端电压有效值;I 为流过功率表电流线圈的负载电流有效值;φ 为负载电压电流间的相位差。

功率表的电路图如图 1.8.1 所示。在三相电路中接入功率表,是将电流线圈的两个端子 I 和 I* 像电流表一样串联进被测电路中,而将 U 和 U* 像电压表一样并联进被测电路两端,I* 与 U* 称为同名端,一般情况下要短接。

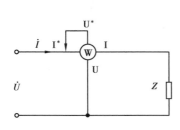

图 1.8.1　功率表的电路图

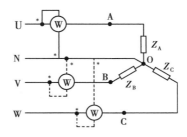

图 1.8.2　一表法测三相负载的有功功率电路图

1. 一表法测三相负载的有功功率

对于三相四线制供电的三相星形连接的负载(即 Y_0 接法),可用一只功率表测量各相的有功功率 P_A、P_B、P_C,则三相负载的总有功功率 $\sum P = P_A + P_B + P_C$。这就是一瓦特表法(简称一表法),如图 1.8.2 所示。

若三相负载是对称的,则只需测量一相的功率,再乘以 3 即得三相总的有功功率。

一表法适合于测量三相四线制中带中线的星形负载的有功功率。

2. 二表法测三相负载的有功功率

在三相三线制供电系统中,不论三相负载是否对称,也不论负载是 Y 连接还是三角形连接,都可用二瓦特表法(简称二表法)测量三相负载的总有功功率。

二表法的接线图如图 1.8.3 所示。

二表法两功率表测得的各功率没有物理意义,但其和等于三相负载所消耗的总有功功率,即

$$
\begin{aligned}
P &= P_1 + P_2 \\
&= U_{UW}I_U \cos \varphi_1 + U_{VW}I_V \cos \varphi_2 \\
&= P_U + P_V + P_W
\end{aligned}
\tag{1.8.1}
$$

若负载为感性或容性,且当相位差 $\varphi > 60°$ 时,线路中的一只功率表指针将反偏,数字式功率表将出现负读数,其读数记为负值。

除图 1.8.3 的 I_U、U_{UW} 与 I_V、U_{VW} 接法外,还有 I_V、U_{UV} 与 I_W、U_{UW} 以及 I_U、U_{UV} 与 I_W、U_{VW} 两种接法。

3. 一表法测三相对称负载的无功功率

对于三相三线制供电的三相对称负载,可用一表法测算得到三相负载的总无功功率 Q,测试原理线路如图 1.8.4 所示。将功率表的电流线圈串联进其中一相火线中,而电压线圈跨接到另外不接电流线圈的两相火线之间。

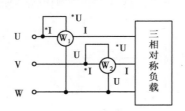 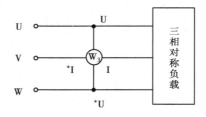

图 1.8.3　二表法测三相负载的有功功率电路图　　图 1.8.4　一表法测三相对称负载的无功功率电路图

三相对称负载的无功功率 Q:

$$
Q = \sqrt{3} P_3
\tag{1.8.2}
$$

式中的 P_3 为图 1.8.4 接法下测得的功率表上的读数,其值没有任何的物理含义,但乘以 $\sqrt{3}$ 后表示三相对称负载的无功功率值。

4. 二表法测三相对称负载的无功功率

对于三相三线制供电的三相对称负载,也可用上面实验原理内容 2 的二表法测得的读数 P_1 和 P_2 来求出负载的无功功率 Q 和负载的功率因数角 φ,其关系式如式(1.8.3)、式(1.8.4)所示,即

$$Q = \sqrt{3}\,(P_1 - P_2) \tag{1.8.3}$$

$$\varphi = \arctan\sqrt{3}\left(\frac{P_1 - P_2}{P_1 + P_2}\right) \tag{1.8.4}$$

三、实验设备

序号	名称	型号与规格	数目	单位	备注
1	交流电压表	0～500 V	1	台	—
2	交流电流表	0～5 A	1	台	—
3	单相功率表	—	2	台	(DGJ)-07
4	万用表	FM-47 或其他	1	台	自备
5	三相自耦调压器	—	1	个	—
6	三相灯组负载	220 V,25 W　白炽灯	9	个	DGJ-04
7	三相电容负载	1 μF,2.2 μF,4.7 μF/ 500 V	各3	个	DGJ-05

四、实验内容

1. 一表法测有功功率

(1)Multisim 仿真

在电路工作窗口画出电路原理图,从电源库中调用三相交流电源及接地端,基本器件库中调用电阻元件,指示器件库中调用功率表,并双击各元件,为元件赋值,画出仿真电路如图 1.8.5 所示。单击 Multisim 软件右上角的仿真电源开关按钮,双击功率表即可得到仿真结果。

(2)实际操作

对于三相四线制负载,可用一表法测定三相负载的总有功功率 P。实验按图 1.8.6 线路接线。三相负载为灯泡组并电容,开断电容上的开关可构成纯电阻性或容性负载。

经检查后无误后,接通三相电源,调节调压器输出,使输出线电压为 220 V,后面断电用"停止"按钮,通电用"启动"按钮,不再动调压器。每次改变接线,均需断开三相电源,以确保人身安全,并按表 1.8.1 的要求进行测量及计算。

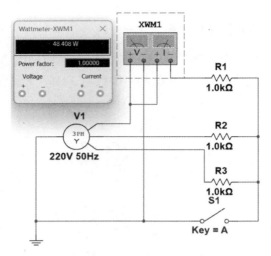

图 1.8.5　一表法测三相四线制负载有功功率的仿真电路图

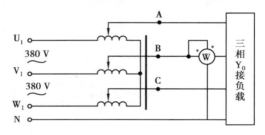

图 1.8.6　一表法测三相四线制负载的有功功率电路图

表 1.8.1　三相 Y_0 负载的有功功率

负载情况	测量数据			计算值
	P_A/W	P_B/W	P_C/W	P/W
有电容				
无电容				

2. 二表法测有功功率

（1）Multisim 仿真

在电路工作窗口画出电路原理图,从电源库中调用三相交流电源及接地端,基本器件库中调用电阻元件,指示器件库中调用功率表,并双击各元件,为元件赋值,画出仿真电路如图 1.8.7 所示。单击 Multisim 软件右上角的仿真电源开关按钮,双击功率表即可得到仿真结果。

（2）实际操作

对于三相三线制负载,可用二表法测定三相负载的总有功功率 P。实验按图 1.8.8 线路接线。三相负载为灯泡组并联电容,开断电容上的开关可构成纯电阻性或容性负载。

经检查无误后,接通三相电源,按表 1.8.2 的要求进行测量及计算。

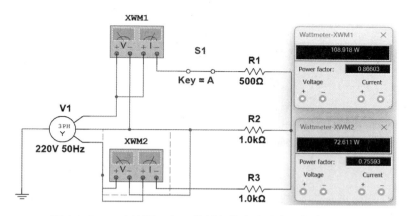

图 1.8.7　二表法测三相三线制负载有功功率的仿真电路图

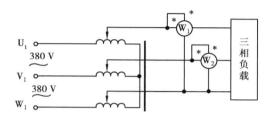

图 1.8.8　二表法测三相三线制负载的有功功率电路图

表 1.8.2　三相 Y 负载的有功功率

电容	负载	P_1/W	P_2/W	P/W
无	对称			
	不对称			
有	对称			
	不对称			

约定:不对称情况:A 相关一个灯泡,B 相关两个灯泡。

3.一表法测无功功率

(1)Multisim 仿真

在电路工作窗口画出电路原理图,从电源库中调用三相交流电源及接地端,基本器件库中调用电阻元件,指示器件库中调用功率表,并双击各元件,为元件赋值,画出仿真电路如图 1.8.9 所示。单击 Multisim 软件右上角的仿真电源开关按钮,双击功率表即可得到仿真结果。

(2)实际操作

对于三相对称星形负载,可用一表法测定无功功率,电路图如图 1.8.10 所示。

经检查无误后,接通三相电源,将测得的读数填入表 1.8.3 中,并计算出无功功率的值。

根据二表法测量值计算出对应的无功功率,将一表法和二表法计算的结果相比较。

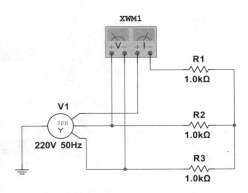

图 1.8.9　一表法测三相三线制对称负载无功功率的仿真电路图

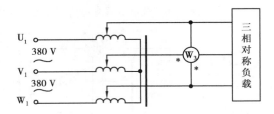

图 1.8.10　一表法测三相三线制对称负载的无功功率电路图

表 1.8.3　　三相对称负载的无功功率

测量方法	测量数据			计算值
	P_1/W	P_2/W	P_3/W	Q/var
一表法	无	无		
二表法			无	

4.注意事项

每次改变接线,均需断开三相电源,确保人身安全。

五、实验报告要求

①预习报告:分析三相对称负载、三相不对称负载的有功功率、无功功率的计算方法;写出完整的实验步骤,包含相关实验电路图,记录实验数据的表格。

②实验过程记录:记录实际操作电路的元件数据,在实验数据记录表格中填写实际接线操作时观测得到的数据。

③结果处理及分析:根据表 1.8.1 总结出对称三相负载的有功功率的特点;根据表 1.8.2 的功率测量数据,总结出有无电容对有功功率的影响;根据表 1.8.3 的功率测量数据,比较一表法和二表法对无功功率的测量结果,哪个更准确,并说明原因。

④根据实验现象回答思考题②。

⑤总结分析在本实验过程中遇到的问题以及处理方法。

六、思考题

①在用二表法测三相有功功率时,按图 1.8.11 中电路接线是否可以?

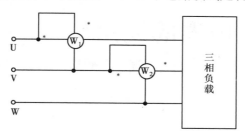

图 1.8.11 思考题图

②画出其他两种用二表法测三相有功功率的电路图。

实验 9
常用低压控制电器的使用

一、实验目的

①掌握常用低压控制电器的使用。
②实现对电灯的点动控制和连动控制。
③实现对电灯的顺序控制。
④学会由电气原理图转换成实际接线的方法。

二、实验原理

1. 按钮（SB）

按钮开关简称为按钮,通常用来接通或断开控制电路(其中电流很小),从而控制电动机或其他电器设备的运行。如图 1.9.1 所示为复合按钮的结构图和图形符号。

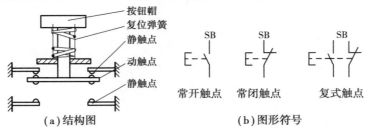

（a）结构图　　　　　　　　（b）图形符号

图 1.9.1　复合按钮的结构图和图形符号

在图 1.9.1 中,动触点 4 和上面的静触点 3 组成常闭触点,即动断触点;动触点 4 和下面的静触点 5 组成常开触点,即动合触点。按下按钮帽时,动断触点断开,动合触点接通;放开按

56

钮帽时,在弹簧的作用下,触点恢复到常态。

2. 交流接触器(KM)

交流接触器,通常用来接通或断开电动机或其他电器设备的主电路,是一种自动的电磁继电器,能实现远距离控制,并具有欠(零)电压保护。

如图1.9.2所示为交流接触器结构示意图。交流接触器是由触点系统、电磁机构和灭弧装置组成,按其主触头所控制主电路电流的种类,可分为交流接触器和直流接触器两种。

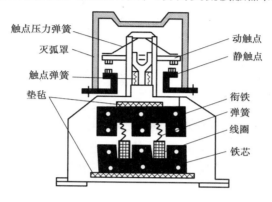

图1.9.2　交流接触器结构示意图

当电磁线圈通电后,线圈电流产生磁场,使静铁芯产生电磁吸力吸引衔铁,并带动触头动作;常闭触头断开,常开触头闭合,二者是联动的。当线圈断电时,电磁吸力消失,衔铁释放,使触头复原;常开触头断开,常闭触头闭合。接触器的图形及文字符号如图1.9.3所示。

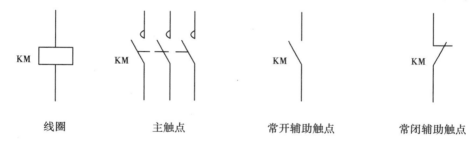

图1.9.3　接触器的图形及文字符号

3. 单相负载电灯的启动控制

如图1.9.4所示为电灯的点动控制线路。按下按钮SB,交流接触器KM线圈通电,主触点闭合,电灯发光;松开按钮SB,交流接触器KM线圈断电,主触点断开,电灯熄灭,这种控制称为点动控制。

图1.9.5所示为电灯的连动控制线路。按下启动按钮SB_1,交流接触器KM线圈通电,主触点闭合,电灯发光;松开按钮SB_1,交流接触器KM的线圈通过其常开辅助触点的闭合线路仍然继续保持通电,从而保证电灯继续发光。这种依靠接触器自身辅助常开触点的闭合而使线圈保持通电的控制方式,称为自锁。这种控制方式,称为连动控制。按下停止按钮SB_2,交流接触器线圈断电,电灯熄灭。

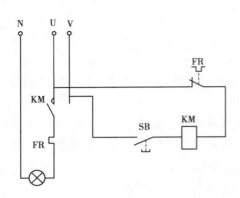

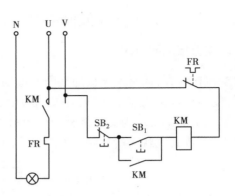

图 1.9.4　电灯的点动控制电路　　　　图 1.9.5　电灯的连动控制电路

4. 三相负载电灯的启动控制

如图 1.9.6 所示,将 3 盏电灯连接成星形(Y),作为一个整体看作三相负载,对其进行启动控制。按下启动按钮 SB_1,交流接触器 KM 线圈通电,主触点闭合,接通电源,3 盏电灯发光。由于有自锁环节,所以松开按钮 SB_1,电灯继续发光。按下停止按钮 SB_2,交流接触器线圈断电,3 盏电灯熄灭。

5. 电灯顺序控制

在实际应用中,可以根据需要对电器设备进行顺序控制。如图 1.9.7 所示电灯的顺序控制线路,能够实现电灯 D_1 发光后,电灯 D_2 才能发光;电灯 D_1 熄灭后,电灯 D_2 随之自动熄灭的顺序控制。

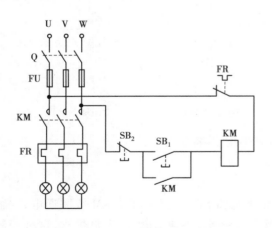

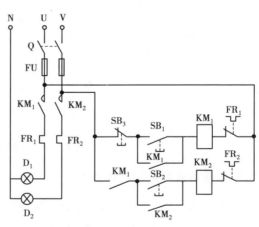

图 1.9.6　三相负载的控制线路　　　　图 1.9.7　电灯的顺序控制

如图 1.9.7 所示为电灯顺序控制线路,按下启动按钮 SB_1,交流接触器 KM_1 线圈通电,其主触点闭合,电灯 D_1 发光;同时,交流接触器 KM_1 的常开辅助触点闭合,按下启动按钮 SB_2,交流接触器 KM_2 线圈通电,其主触点闭合,电灯 D_2 发光。由于有自锁环节,电灯 D_1 和电灯 D_2 持续发光。按下停止按钮 SB_3,交流接触器 KM_1 线圈断电,电灯 D_1 熄灭;同时,交流接触器 KM_1 的常开辅助触点断开,交流接触器 KM_2 线圈断电,电灯 D_2 也自动熄灭。

三、实验设备

序号	名称	型号与规格	数目	单位
1	调压器	—	1	台
2	交流电源	—	1	个
3	交流电压表	0 ~ 500 V	1	台
4	交流接触器	JZC4-40	2	个
5	热继电器	D9305d	2	个
6	按钮	—	3	个
7	电灯	220 V/30 W	2	个

四、实验内容

1. 电灯的点动启动控制

（1）Multisim 仿真

在电路工作窗口画出电路原理图，从指示库中调用灯泡作为负载，基本器件库中调用开关，A 键作启动开关，B 键作停止开关，调用机电库中 COILS_RELAYS 中的 MOTOR 作接触器，并双击各元件，为元件赋值，画出仿真电路如图 1.9.8 所示。单击 Multisim 软件右上角的仿真电源开关按钮，即可得到仿真结果。

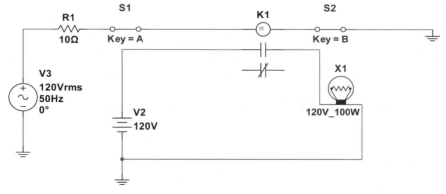

图 1.9.8 电灯的点动启动控制仿真电路图

（2）实际操作

按图 1.9.4 所示的电灯点动控制电路接线,检查无误后,打开实验平台电源。调节三相调压器旋钮,使三相电源线电压为 220 V。按下启动按钮 SB,再松开,观察交流接触器线圈 KM 的状态和电灯的发光情况,填入表 1.9.1 中。

表 1.9.1　电灯点动控制工作情况

动作	交流接触器 KM 线圈状态 （通电或断电）	电灯的发光情况 （发光或熄灭）
按下按钮 SB		
松开按钮 SB		

2. 电灯的连动启动控制

（1）Multisim 仿真

在电路工作窗口画出电路原理图,从指示库中调用灯泡作为负载,基本器件库中调用开关,A 键作起动开关,B 键作停止开关,调用机电库中 COILS_RELAYS 中的 MOTOR 作接触器,并双击各元件,为元件赋值,画出仿真电路如图 1.9.9 所示。单击 Multisim 软件右上角的仿真电源开关按钮,即可得到仿真结果。

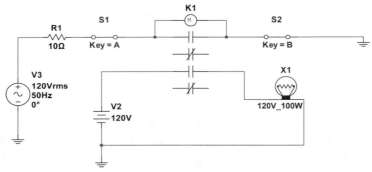

图 1.9.9　电灯的连动起动控制仿真电路图

（2）实际操作

按如图 1.9.5 所示的电灯连动控制电路接线,检查无误后,打开实验平台电源。调节三相调压器旋钮,使三相电源线电压为 220 V。按下启动按钮 SB_1 再松开,然后按下停止按钮 SB_2,观察交流接触器线圈 KM 的状态和电灯的发光情况,填入表 1.9.2 中。

表 1.9.2　电灯连动控制工作情况

动作	交流接触器 KM 线圈状态 （通电或断电）	电灯的发光情况 （发光或熄灭）
按下按钮 SB_1		
松开按钮 SB_1		
按下按钮 SB_2		

3.（选作）三相负载的启动控制

将 3 盏电灯以星形方式连接,按如图 1.9.6 所示的控制电路接线,检查无误后,打开实验平台电源。调节三相调压器旋钮,使三相电源线电压为 220 V。按下启动按钮 SB₁ 再松开,然后按下停止按钮 SB₂,观察交流接触器线圈 KM 的状态和 3 盏电灯的发光情况,填入表 1.9.3 中。

表 1.9.3　三相负载起动控制工作情况

动作	交流接触器 KM 线圈状态 （通电或断电）	电灯的发光情况 （发光或熄灭）
按下按钮 SB₁		
松开按钮 SB₁		
按下按钮 SB₂		

4. 电灯的顺序控制

（1）Multisim 仿真

在电路工作窗口画出电路原理图,从指示库中调用灯泡作为负载,基本器件库中调用开关,A 键作启动开关,B 键作停止开关,调用机电库中 COILS_RELAYS 中的 MOTOR 作接触器,并双击各元件,为元件赋值,画出仿真电路如图 1.9.10 所示。单击 Multisim 软件右上角的仿真电源开关按钮,即可得到仿真结果。

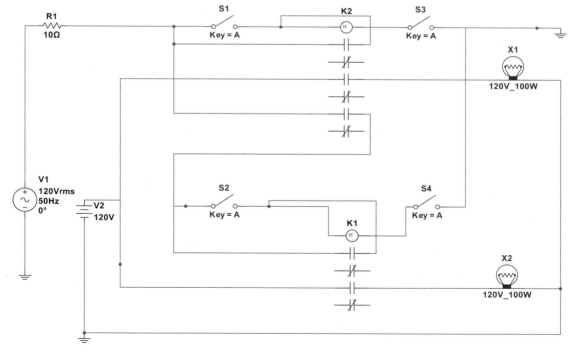

图 1.9.10　电灯的顺序启动控制仿真电路图

（2）实际操作

按图1.9.7所示的电灯顺序控制电路接线，检查无误后，打开实验平台电源。调节三相调压器旋钮，使三相电源线电压为220 V。按下启动按钮SB₁再松开，然后按下启动按钮SB₂，最后按下停止按钮SB₃，观察交流接触器线圈KM₁、KM₂的状态和3盏电灯的发光情况，填入表1.9.4中。

表1.9.4　电灯控制工作情况

动作	交流接触器 KM₁ 线圈状态（通电或断电）	交流接触器 KM₂ 线圈状态（通电或断电）	电灯的发光情况（发光或熄灭）
按下按钮 SB₁			
按下按钮 SB₂			
按下按钮 SB₃			

5. 注意事项

①接线和拆线前，应断开电源，避免带电操作，造成触电。

②接好线后，经检查无误再通电。

③完成各实验后，通过调压器将电压调节为0 V，然后实验平台断电。

五、实验报告要求

①预习报告：熟悉常用低压电器的特性；写出完整的实验步骤，包含相关实验电路图，记录实验数据的表格。

②实验过程记录：记录实际操作电路的元件数据，在实验数据记录表格中填写实际接线操作时观测得到的数据。

③结果处理及分析：根据实验过程中观察到的情况，分析该控制线路的工作过程。

④根据实验现象回答思考题。

⑤总结分析在本实验过程中遇到的问题以及处理方法。

六、思考题

两盏电灯D₁和D₂，如果希望电灯D₁发光后，电灯D₂能自动发光；电灯D₁熄灭后，电灯D₂才能熄灭且能单独控制。设计其控制电路，并分析工作过程。

实验 10
三相异步电动机的基本控制

一、实验目的

①掌握常用低压控制电器的使用。
②实现对三相异步电动机的点动控制和连动控制。
③实现对三相异步电动机的正反转控制。
④加深对自锁和互锁的理解。
⑤学会排除控制线路中的故障。

二、实验原理

1. 三相异步电动机的启动方法

小容量笼型电动机可直接启动。启动方法有点动、连动以及既能点动又能连动。

①如图 1.10.1 所示的点动控制电路，主电路由刀开关 Q、熔断器 FU、交流接触器 KM 的主触点和三相笼型异步电动机 M 组成；控制电路由启动按钮 SB_1 和交流接触器线圈 KM 组成。按下按钮，交流接触器线圈通电，主触点闭合，电动机转动；松开按钮，交流接触器线圈断电，主触点断开，电动机停转，这种控制就称为点动控制。它能实现电动机短时转动，常用于对机床的刀调整和电动葫芦等。

②如图 1.10.2 所示的连动控制电路，主电路和图 1.10.1 的主电路相同，控制电路中加入了交流接触器的辅助触点和停止按钮 SB_2。按下启动按钮 SB_1，交流接触器线圈通电，主触点闭合，电动机转动；松开按钮 SB_1，交流接触器的线圈通过其常开辅助触点的闭合仍然继续保持通电，从而保证电动机的连续运行。这种依靠接触器自身辅助常开触点的闭合而使线圈保持通电的控制方式，称为自锁。这种电动机连续转动的控制方式，称为连动控制，在实际生产

中使用非常广泛。要使电动机停止,按下停止按钮 SB_2 即可。

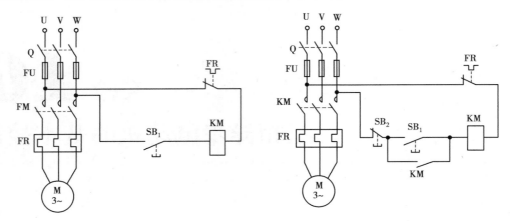

图 1.10.1　点动控制电路　　　　　　　　图 1.10.2　连动控制电路

2. 三相异步电动机的正反转控制方法

在实际应用中,往往要求生产机械改变运动方向,如工作台的前进和后退;电梯的上升和下降等,这就要求电动机能实现正反转的运行。

如图 1.10.3 所示,利用两个接触器的辅助常闭触点互相控制的方式,称为电气互锁;利用复合按钮的常闭触点同样可起到互锁的作用,这样的互锁称为机械互锁。

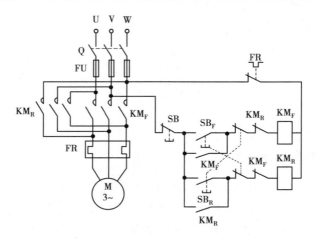

图 1.10.3　正反转控制电路

三、实 验 设 备

序号	名称	型号与规格	数目	单位
1	调压器	—	1	台

续表

序号	名称	型号与规格	数目	单位
2	交流电源	—	1	个
3	交流电压表	0～500 V	1	台
4	交流接触器	JZC4-40	2	个
5	热继电器	D9305d	2	个
6	复合按钮	—	3	个
7	电动机	WDJ26	1	台

四、实验内容

按图 1.10.4 将三相异步电动机的定子绕组接成三角形,三相定子绕组的始端 A、B、C 通过控制电器与三相电源连接,后面实验也是如此。

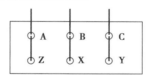

图 1.10.4　电动机定子绕组三角形连接电路图

1. 电动机的点动控制

(1)Multisim 仿真

在电路工作窗口画出电路原理图,从电源库中调用三相电源,机电库中调用开关和三相电机,调用机电库中 COILS_RELAYS 中的 MOTOR 作接触器,并双击各元件,为元件赋值,画出仿真电路如图 1.10.5 所示。单击 Multisim 软件右上角的仿真电源开关按钮,即可得到仿真结果。

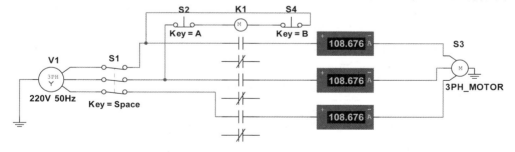

图 1.10.5　电动机点动控制仿真电路图

(2)实际操作

按图 1.10.1 完成电动机点动控制电路的接线,经检查无误后,打开实验平台电源。调节三相调压器旋钮,使三相电源线电压为 220 V。按下启动按钮 SB₁,再松开,观察交流接触器线圈 KM 的状态和电动机的运转情况,填入表 1.10.1 中。观察完后,先通过调压器将电压调节为零,再断开实验平台电源。

表 1.10.1　电动机点动控制工作情况

动作	交流接触器 KM 线圈状态（通电或断电）	电动机运转情况（转动或停止）
按下按钮 SB₁		
松开按钮 SB₁		

2. 电动机的连动控制

（1）Multisim 仿真

在电路工作窗口画出电路原理图,从电源库中调用三相电源,机电库中调用开关和三相电机,调用机电库中 COILS_RELAYS 中的 MOTOR 作接触器,并双击各元件,为元件赋值,画出仿真电路如图 1.10.6 所示。单击 Multisim 软件右上角的仿真电源开关按钮,即可得到仿真结果。

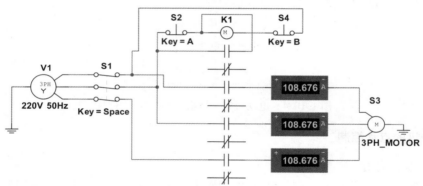

图 1.10.6　电动机连动控制仿真电路图

（2）实际操作

按图 1.10.2 完成电动机连动控制电路的接线,检查无误后,打开实验平台电源。调节三相调压器旋钮,使三相电源线电压为 220 V。按下启动按钮 SB₁再松开,然后按下停止按钮 SB₂,观察交流接触器线圈 KM 的状态和电动机的运转情况,填入表 1.10.2 中。观察完后,先通过调压器将电压调节为 0 V,再断开实验平台电源。

表 1.10.2　电动机连动控制工作情况

动作	交流接触器 KM 线圈状态（通电或断电）	电动机运转情况（转动或停止）
按下按钮 SB₁		
松开按钮 SB₁		
按下按钮 SB₂		

3. 电动机的正反转控制

（1）Multisim 仿真

在电路工作窗口画出电路原理图,从电源库中调用三相电源,机电库中调用开关和三相电机,调用机电库中 COILS_RELAYS 中的 MOTOR 作接触器,并双击各元件,为元件赋值,画出仿真电路如图 1.10.7 所示。单击 Multisim 软件右上角的仿真电源开关按钮,即可得到仿真结果。

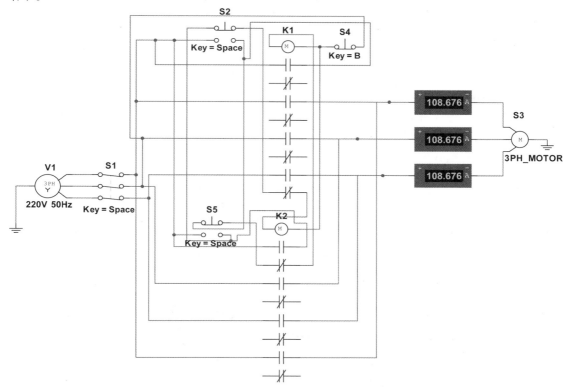

图 1.10.7　电动机正反转控制仿真电路图

（2）实际操作

按图 1.10.3 完成电动机正反转控制电路的接线,检查无误后,打开实验平台电源。调节三相调压器旋钮,使三相电源线电压为 220 V。按下正转启动按钮 SB_F 再松开,然后按下反转启动按钮 SB_R,再按下停止按钮 SB,观察两个交流接触器线圈 KM_F 和 KM_R 的状态和电动机的运转情况,填入表 1.10.3 中。观察完后,先通过调压器将电压调节为零,再断开实验平台电源。

表 1.10.3　电动机正反转控制工作情况

动作	正转交流接触器 KM_F 线圈状态（通电或断电）	反转交流接触器 KM_R 线圈状态（通电或断电）	电动机运转情况（正转、反转或停止）
按下按钮 SB_F			
松开按钮 SB_F			

续表

动作	正转交流接触器 KM$_F$ 线圈状态（通电或断电）	反转交流接触器 KM$_R$ 线圈状态（通电或断电）	电动机运转情况（正转、反转或停止）
按下按钮 SB$_R$			
松开按钮 SB$_R$			
按下按钮 SB			

4.注意事项

①接线和拆线前,应断开电源,避免带电操作,造成触电。

②在接主电路和控制电路时,长短线应搭配合理。

③接好线后,经检查无误再通电。

④完成实验后,通过调压器将电压调节为 0 V,然后实验平台断电。同时,将电动机、导线等整理好后,方可离开实验室。

五、实验报告要求

①预习报告:熟悉三相异步电动机的启动方法以及正反转控制方法;写出完整的实验步骤,包含相关实验电路图,记录实验数据的表格。

②实验过程记录:记录三相异步电动机铭牌数据,记录实际操作电路的元件数据,记录实验现象,在实验数据记录表格中填写实际接线操作时观测得到的数据。

③结果处理及分析:根据实验过程中观察到的情况,分析各控制线路的工作过程。

④根据实验现象回答思考题②。

⑤总结分析在本实验过程中遇到的问题以及处理方法。

六、思考题

①设计控制电路,实现三相交流异步电动机既能点动工作,又能连动工作。

②在电动机正反转控制电路中,为什么必须保证两个交流接触器不能同时工作? 可通过哪些措施解决此问题?

实验 **11**

三相异步电动机的时间控制线路设计

一、实验目的

①学习时间继电器的使用方法、延时时间的调整及在控制系统中的应用。

②熟悉三相异步电动机 Y-△降压启动控制的控制方法。

③会设计时间控制线路。

二、实验原理

1. 时间继电器

在工业生产中,很多加工和控制过程是以时间为依据进行控制的,例如工件加热时间控制,电动机按时间先后顺序启动、停车控制,电动机 Y-△启动控制等,这类控制都是利用时间继电器来实现的。

①时间继电器(KT)是一种延时动作的继电器,它从接收信号(如线圈带电)到执行动作(如触点断开或闭合)具有一定的时间间隔,此时间间隔可按需要预先整定,以协调和控制生产机械的各种动作。时间继电器按其动作原理与构造的不同,可分为电磁式、电动式、空气式和电子式等。机床控制线路中应用较多的是空气阻尼式时间继电器,目前晶体管式时间继电器也获得了越来越广泛的应用。时间继电器的触点系统有延时动作触点和瞬时动作触点,延时动作触点分为通电延时型和断电延时型,瞬时动作触点分为动合触点和动断触点。

②选择时间继电器主要根据控制回路所需要的延时触点的延时方式以及使用条件来选择。时间继电器的图形及文字符号如图 1.11.1 所示。

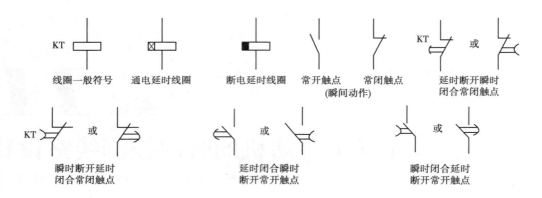

图 1.11.1　时间继电器的图形及文字符号

2. 三相异步电动机 Y-△ 降压启动

较大容量的笼型异步电动机(大于 10 kW)直接启动时,电流为其额定电流的 4～8 倍,过大的启动电流会对电网产生巨大的冲击,所以一般采用降压方式来启动。如图 1.11.2 所示为星-三角形(Y-△)减压启动控制电路,是按时间顺序实现控制的。启动时,将电动机定子绕组连接成星形,加在电动机每相绕组上的电压为额定电压的 $1/\sqrt{3}$,从而减小了启动电流;待启动后按预先整定的时间把电动机换成三角形连接,使电动机在额定电压下运行。

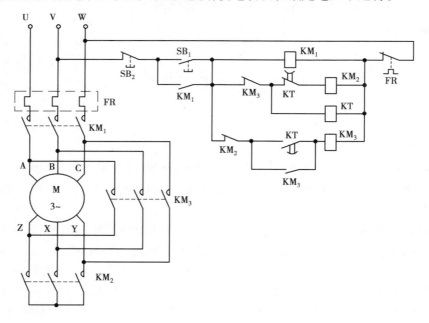

图 1.11.2　星-三角形(Y-△)减压启动控制电路

在图 1.11.2 中,接触器 KM_1 用于控制电动机的启动和停止;接触器 KM_2 用于控制电动机定子绕组的星形(Y)连接,KM_3 用于控制电动机电子绕组的三角形(△)连接。启动时,KM_1 和 KM_2 工作,电动机以 Y 连接启动;同时,时间继电器也通电开始延时,延时时间到时,切换 KM_1 和 KM_3 工作,电动机以△连接工作。

　　首先,闭合刀开关 Q,然后按下启动按钮 SB_1,接触器 KM_1 线圈通电,其主触点闭合;时间继电器 KT 线圈也通电,开始延时,其常闭触点 KT 此时尚未断开,因而接触器 KM_2 的线圈通电,其主触点闭合,于是电动机 M 定子绕组连接成 Y 启动。与此同时,KM_1 的辅助常开触点闭合加上自锁;KM_2 的辅助常闭触点断开,加上互锁,确保接触器 KM_3 不会同时通电。经过预定延时时间后(电动机启动所需的时间),KT 的延时断开常闭触点断开,使 KM_2 线圈断电,其主触点断开,常闭触点闭合,除去互锁。同时,KT 的延时闭合的常开触点闭合,使 KM_3 线圈通电,其主触点闭合,电动机自动切换为△定子绕组连接,投入正常运行;辅助常开触点 KM_3 闭合,加上自锁;KM_3 辅助常闭触点断开,使 KT 线圈断电,其两个延时动作的触点恢复常态,由于 KM_3 辅助常闭触点的互锁作用,可以保证 KM_2 线圈不会同时通电。

三、实验设备

序号	名称	型号与规格	数目	单位
1	调压器	—	1	台
2	交流电源	—	1	个
3	交流电压表	0～500 V	1	台
4	交流接触器	JZC4-40	2	个
5	热继电器	D9305d	2	个
6	时间继电器	ST3PA-B	1	个
7	复合按钮	—	3	个
8	电动机	WDJ26	1	台

四、实验内容

1. 三相异步电动机 Y-△ 降压启动的时间控制

　　按图 1.11.1 完成三相异步电动机 Y-△ 降压启动的时间控制电路的接线,经检查无误后,打开实验平台电源。调节三相调压器旋钮,使三相电源线电压为 220 V。按下启动按钮 SB_1 再松开,观察各交流接触器线圈 KM_1、KM_2 和 KM_3 的状态和电动机 M 的运转情况,记录 Y-△ 换接所需时间,最后按下停止按钮 SB_2,将结果填入表 1.11.1 中。观察完后,先通过调压器将电压调节为零,再断开实验平台电源。

表 1.11.1　三相异步电动机 Y-△降压启动的时间控制工作情况

动作	接触器 KM$_1$ 线圈（通电或断电）	接触器 KM$_2$ 线圈（通电或断电）	接触器 KM$_3$ 线圈（通电或断电）	电动机运转情况（转动或停止）
按下 SB$_1$,且未达到预定延迟时间				
超过预定延迟时间				
按下 SB$_2$				
Y-△换接所需时间=（　　　　　　）				

2. 三相异步电动机时间控制电路的设计

设计任务:两台三相笼型异步电动机 M$_1$ 和 M$_2$,要求 M$_1$ 先启动,经过一定延时后 M$_2$ 能自行启动,M$_2$ 启动后,M$_1$ 立即停止。

按要求设计控制电路并接线,检查无误后接通电源,观察两台电动机的运转情况,判断设计是否达到要求,须经指导教师检查。

注意事项:

①接线和拆线前,应断开电源,避免带电操作,防止发生触电。

②在接主电路和控制电路时,长短线应搭配合理。

③接好线后,经检查无误后再通电。

④完成实验后,通过调压器将电压调节为 0 V,然后实验平台断电。同时,将电动机、导线等整理好后,方可离开实验室。

五、实验报告要求

①预习报告:熟悉 Y-△转换启动的作用及控制原理;写出完整的实验步骤,包含相关实验电路图,记录实验数据的表格。

②实验过程记录:记录实际操作电路的元件数据,记录实验现象,在实验数据记录表格中填写实际接线操作时观测得到的数据。

③结果处理及分析:根据实验过程中观察到的情况,分析各控制线路的工作过程。

④根据实验现象回答思考题②。

⑤总结分析在本实验过程中遇到的问题以及处理方法。

六、思考题

①采用三相异步电动机有何要求?

②三相异步电动机 Y-△降压启动的时间控制电路中,有一对互锁触点,其作用是什么?如果取消这对互锁触点,可能会出现什么样的结果?

实验 **12**
工作台的往返控制线路的设计

一、实验目的

①学习行程开关的使用方法及在控制系统中的应用。
②理解工作台往返自动控制的原理。
③会设计行程控制线路。

二、实验原理

1. 行程开关

行程开关,又称限位开关,用于控制机械设备的行程及限位保护。在实际生产中,将行程开关安装在预先安排的位置,当装于生产机械运动部件上的模块撞击行程开关时,行程开关的触点动作,实现电路的切换。因此,行程开关是一种根据运动部件的行程位置而切换电路的电器,它的作用原理与按钮类似。行程开关广泛用于各类机床和起重机械,用以控制其行程、进行终端限位保护。在电梯的控制电路中,还利用行程开关来控制开关轿门的速度、自动开关门的限位,轿厢的上下限位保护,其符号如图 1.12.1 所示。

图 1.12.1 行程开关的符号

2. 工作台的往返控制

在机床电气设备中,有些是通过工作台自动往复循环工作的,例如龙门刨床的工作台前进、后退。如图 1.12.2 所示为依据行程控制而工作的自动往返工作台示意图。电动机的正反转是实现工作台自动往复循环的基本环节。控制电路按照行程控制原则,利用生产机械运动的行程位置实现控制,通常采用行程开关。

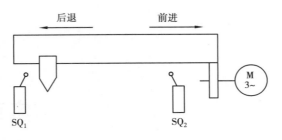

图 1.12.2　自动往返工作台示意图

如图 1.12.3 所示为工作台自动往返控制线路图。当工作台的挡块停在限位开关 SQ_1 和 SQ_2 之间的任意位置时，可以按下任一启动按钮 SB_1 或 SB_2 使工作台向任一方向运动。例如按下正转按钮 SB_1，电动机正转带动工作台向右前进。当工作台到达终点时挡块压下终点行程开关 SQ_2，SQ_2 的常闭触点断开正转控制回路，电动机停止正转，同时 SQ_2 的常开触点闭合，使反转接触器 KM_2 通电动作，工作台向左后退。当工作台退回原位时，挡块又压下 SQ_1，其常闭触头断开反转控制电路，常开触点闭合，使接触器 KM_1 通电，电动机带动工作台向右前进……如此自动往返，加工结束，按下停止按钮 SB_3，电动机就断电停转。

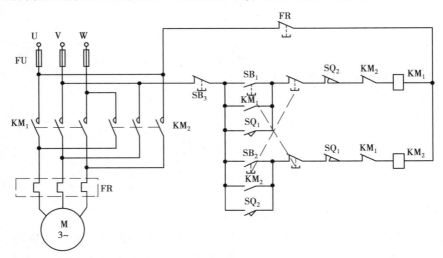

图 1.12.3　工作台自动往返控制线路图

三、实验设备

序号	名称	型号与规格	数目	单位
1	调压器	—	1	台
2	交流电源	—	1	个
3	交流电压表	0~500 V	1	台
4	交流接触器	JZC4-40	2	个

序号	名称	型号与规格	数目	单位
5	热继电器	D9305d	2	个
6	行程开关	—	2	个
7	复合按钮	—	3	个
8	电动机	WDJ26	2	台

四、实验内容

1. 工作台自动往返控制

按如图 1.12.3 所示工作台自动往返控制线路的接线,检查无误后,打开实验平台电源。调节三相调压器旋钮,使三相电源线电压为 220 V。

按下前进启动按钮 SB_1 再松开;运转 30 s 后,用手按 SQ_2(模拟工作台向右前进到达终点,挡块压下行程开关);运转约 30 s 后,再用手按 SQ_1(模拟工作台向左后退到达原位,挡块压下限位开关);重复上述步骤,观察电动机能否正常工作;最后按下停止按钮 SB_3。整个过程中,仔细观察交流接触器线圈 KM_1、KM_2 的状态和电动机 M 的运转情况,并填入表 1.12.1 中。

表 1.12.1　工作台自动往返控制工作情况

动作	接触器 KM_1 线圈 (通电或断电)	接触器 KM_2 线圈 (通电或断电)	电动机运转情况 (正转、反转或停止)
按下按钮 SB_1			
按下按钮 SQ_2			
按下按钮 SQ_1			
按下按钮 SB_3			

2. 三相异步电动机行程控制线路的设计

设计任务:如图 1.12.4 所示,要求按下启动按钮后能顺利完成下列动作:

①运动部件 A 从 1 到 2;

②接着运动部件 B 从 3 到 4;

③然后 A 从 2 回到 1;

④最后 B 从 4 回到 3。

按要求设计控制线路并接线,检查无误后接通电源,观察电动机的运转情况,判断设计是否达到要求,须经指导教师检查。

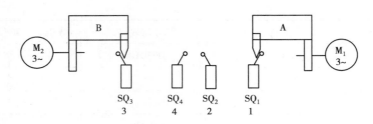

图 1.12.4　行程控制示意图

注意事项：

①接线和拆线前，应断开电源，避免带电操作，造成触电。

②在接主电路和控制电路时，长短线应搭配合理。

③接好线后，经检查无误再通电。

④完成实验后，通过调压器将电压调节为零，然后实验平台断电。同时，将电动机、导线等整理好后，方可离开实验室。

五、实验报告要求

①预习报告：复习电动机正反转控制线路及工作原理；熟悉行程位置控制原理；写出完整的实验步骤，包含相关实验电路图及记录实验数据的表格。

②实验过程记录：记录实际操作电路的元件数据，记录实验现象，在实验数据记录表格中填写实际接线操作时观测得到的数据。

③结果处理及分析：根据实验过程中观察到的情况，分析各控制线路的工作过程；完成实验内容 2 的设计任务，画出控制线路图。

④回答思考题①。

⑤总结分析在本实验过程中遇到的问题以及处理方法。

六、思考题

①如图 1.12.2 所示的自动往返工作台，如果行程开关 SQ_1 和 SQ_2 失灵，则会造成工作台发生超越极限位置出轨的严重事故，如何避免这种问题？

②如图 1.12.3 所示工作台自动往返控制线路中，有一对互锁触点，其作用是什么？如果取消这对互锁触点，可能会出现什么样的结果？

第**2**部分
电子技术实验

实验**1**
常用电子仪器仪表的用法

一、实验目的

①了解常用电子仪器、仪表的主要技术指标,掌握通用电子仪器及设备的正确用法。

②掌握用示波器观测电压波形幅度、频率等的基本方法。

③学习正确使用函数信号发生器调节频率、幅度的方法。

④学会正确使用数字万用表。

⑤了解交流毫伏表和直流稳压源的正确用法。

二、实验原理

1. 电子技术基础实验测量系统

电子技术基础实验测量系统原理框图如图 2.1.1 所示,由被测实验电路、直流稳压电源、函数信号发生器、双踪示波器及其他电子仪器组成。

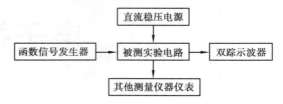

图 2.1.1 电子技术基础实验测量系统原理框图

2. 双踪示波器

示波器是电子测量中常用的一种电子仪器,可用来形象地显示信号幅度随时间变化的波形,以测试和分析多种信号的特性,包含模拟示波器、数字示波器、虚拟示波器,其原理如图 2.1.2 所示。

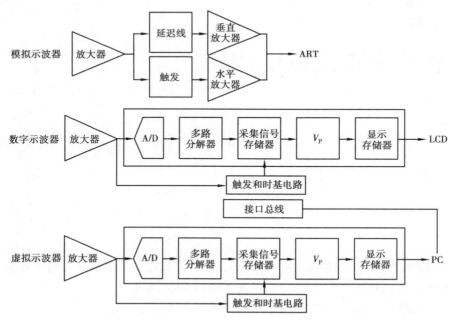

图 2.1.2 示波器原理框图

(1)模拟示波器

采用模拟电路(示波管,其基础是电子枪)电子枪向屏幕发射电子,发射的电子经聚焦形成电子束,并打到屏幕上。屏幕的内表面涂有荧光物质,这样电子束打中的点就会发出光。模拟示波器通常由信号波形显示部分、垂直信道(Y 通道)、水平信道(X 通道)3 部分组成,如 VP-5220D 型模拟示波器,是具有双路输入的通用示波器,其频率响应范围为 0 ~ 20 MHz,具有一定的幅度和频率扩展功能。

(2)数字示波器

一般支持多级菜单,能提供给用户多种选择,多种分析功能的高性能示波器,如 DS1072U 型 70 MHz 数字示波器。一些数字示波器还可以提供存储,实现对波形的保存和处理。

(3)虚拟示波器

虚拟示波器等同数字示波器,只是需要与计算机连接,常在仿真中使用。

3. 函数发生器

函数发生器能产生正弦波、三角波、方波、斜波、脉冲波及扫描波等信号。

EE1641B1(或 DF1641B1)型函数发生器的输出频率范围为 0.2 Hz ~ 2 MHz(或 0.3 ~ 3 MHz),分为 7 个频段,5 位显示,每个频段的频率均从 0.2 Hz 到该段的 2 倍(或 0.3 Hz 到该段的 3 倍),可连续调节。输出信号幅度也可连续可调(约 20 dB),并且有 -20 dB 和 -40 dB 的衰减,故输出范围从 20 mV_{p-p} 到 20 V_{p-p},输出阻抗 50 Ω。由于用数字 LED 显示输出频率和电压峰峰值 V_{p-p},因此读数方便、精确。

DG1022U 型 25 MHz 函数发生器双通道函数/任意波形发生器使用直接数字合成(DDS)技术,可生成稳定、精确、纯净和低失真的正弦信号,还能提供 5 MHz、具有快速上升沿和下降沿的方波,以及高精度、宽频带的频率测量功能。

4. 交流毫伏表

晶体管毫伏表是高灵敏度、宽频带的电压测量仪器,该仪器具有较高的灵敏度和稳定度,输入阻抗较高。DF2173B 型晶体管毫伏表可测量频率为 10 Hz ~ 1 MHz 的交流正弦波,测量电压范围为 100 μV ~ 300 V,表头指示为正弦波有效值。

UT632 型数字交流毫伏表:输入阻抗不小于 10 MΩ,具有多个挡位,可测频率为 10 Hz ~ 2 MHz,有效值为 4 mV ~ 400 V 的交流电压。

5. 数字万用表

DT-9205 型万用表为 3 位半液晶显示数字万用表,最大显示值为 ±1 999,过载时显示"1."或"-1.",短路检查用蜂鸣器。交流电压挡的频率响应范围为 45 ~ 500 Hz,用其对正弦交流信号进行测量时,应先了解被测信号的频率,再正确选择使用。

MY65 为 4 位半液晶显示数字万用表,其技术指标详见使用说明书。

6. DAM-Ⅱ实验箱(西科大)或天煌 KHD-2(KHM-2)型数(模)电路综合实验装置

DAM-Ⅱ实验箱(西科大)或天煌 KHD-2(KHM-2)型数(模)电路综合实验装置是为数(模)电路实验设计的专用平台,主要由实验用公共电路,实验用仪器、仪表及实验用常用元器件构成,其结构图见附录,技术指标见使用说明书。

三、实验设备

序号	名称	型号与规格	数目	单位
1	双踪示波器	VP-5220D(或 DS1072U)	1	台
2	函数发生器	EE1641B1(或 DG1022U)	1	台
3	数字万用表	DT-9205(或 MY65)	1	只
4	直流稳压源	DF1731SC3A	1	个
5	数、模电实验箱(平台)	DAM-Ⅱ(西科大)或天煌 KHD-2、KHM-2	1	块
6	二极管	2CP10	2	个
7	电阻	五色环 $R=1$ K、2 K	各1	个
8	导线	专用	40	根

四、实验内容

1. Multisim 仿真

①根据实验需要找到对应元器件:点击左上角 Place Source,可以在 POWER_SOURCES 中找到 GROUND 添加接地端,找到 VCC 添加直流电源。点击左上角 Place Basic,可以在 RESISTOR 中找到电阻并添加。

②在 Multisim 中点击最右边第 1 个图标 Multimeter,可以添加万用表(可用作晶体管毫伏表),根据需要调节至电压、电流、电阻挡。

③在 Multisim 中点击最右边第 2 个图标 Function generator,可以找到函数发生器,根据需要调整输出波形。

④在 Multisim 中点击最右边第 4 个图标 Oscilloscope,可以添加双踪示波器。熟悉实验平台,用实验平台上的指示灯检验实验专用线的好坏。

⑤用万用表电压挡测试实验平台相关的直流输出电压,填入表 2.1.1 中。

表 2.1.1 测试直流电压数据

电压标称值						
实测值						
相对误差						

注:标称值根据 DAM-Ⅱ实验箱或 KHD-2(KHM-2)型数(模)电路综合实验装置的实际情况填写。

⑥用万用表电阻挡测试实验平台相关的电阻值并填入表 2.1.2 中。

表 2.1.2 测试电阻值数据

万用表电阻位					
标称值					
实测值					
相对误差					

注：标称值根据 DAM-Ⅱ实验箱或 KHD-2(KHM-2)型数(模)电路综合实验装置的实际情况填写。

⑦双踪示波器、函数发生器、晶体管毫伏表等的使用。

a. 仪器接通电源，示波器 CH1/CH2 通道控制旋钮/按钮调正常（GND 耦合状态时水平亮线在屏幕中央）。

b. 函数发生器的输出选正弦波，频率选 1 kHz，0 dB（衰减按钮放开），幅度旋钮调至最小（逆时针旋到底）。

c. 毫伏表测试线短接调零（自动），量程旋钮调至最大（300 V），万用表检测好坏，待用。

d. 先把函数发生器测试线同示波器相连，把函数发生器的输出信号幅度调到 15 V（或 3 的倍数，下同），分别读出其各衰减挡的电压和频率值，填入表 2.1.3 中。

e. 再把函数发生器测试线同毫伏表（或万用表）相连，分别在毫伏表（或万用表）上读出各衰减挡的电压值，填入表 2.1.3 中。

表 2.1.3 不同仪器测试电压值

函数发生器挡位	dB	0		−20 （减小 10 倍）		−40 （减小 100 倍）		备注
		幅度	频率	幅度	频率	幅度	频率	
函数发生器显示值	V_{p-p}							
示波器测量值	V_{p-p}							
万用表测量值	有效值	×		×		×		

和函数发生器相比，计算各测试数据相对误差。

⑧示波器测方波。

示波器校准后，用函数发生器输出 2 MHz、5 V 方波，然后用示波器测试表 2.1.4 中的参数，绘制有关波形，填入表 2.1.4 中。

表 2.1.4 示波器测试方波信号

信号	相关参数	测试数据	波形图（ Hz）
方波信号	脉冲幅值		
	上升时间		
	下降时间		
	脉冲宽度		
	脉冲周期		

2. 数字仪器,仪表的使用

查阅有关资料,用数字仪器、仪表,自主设计实验步骤、图表,完成对信号源电压、频率及相位的测量。

五、实验报告要求

①预习报告:分析电子技术实验中常用的电子仪器仪表的基本功能;包括完整的实验步骤,记录实验数据的表格。

②实验过程记录:认真记录、填写实验中获得的数据并进行整理;记录本次实验使用过的仪器仪表正确使用时,各旋钮/按钮的位置及使用注意事项。

③结果处理及分析:根据实验测试数据,将结果填入相应的表 2.1.1—表 2.1.4;分析各测试仪器对不同物理量的测试误差,并得出有效结论。

④根据实验现象回答思考题①。

⑤总结分析在本实验过程中遇到的问题以及处理方法。

六、思考题

①晶体管毫伏表能否测量直流信号？非正弦周期信号(方波、三角波)的有效值可以用晶体管毫伏表测量吗？

②示波器已能正常显示波形时,仅将 t/div 旋钮从 1 ms 位置旋到 10 μs 位置,屏幕上显示的波形的周期,是否发生了变化？

③用示波器定量测量波形幅度和周期时,为精确读数,应注意把哪两个旋钮顺时针旋到底？示波器测量波形峰峰值(又名双峰值)与万用表读数之间有何关系？

实验 2

基本单管交流放大电路静态工作点的调试及非线性失真研究

一、实验目的

①掌握半导体三极管的管脚判别方法。

②掌握放大电路的组成、基本原理和放大的条件。

③学会放大电路静态工作点的调试方法。

④学会分析静态工作点对波形失真的影响。

⑤了解最大不失真输出电压的测试方法。

二、实验原理

1. 半导体三极管简介

双极结型三极管(BJT)是一种三端器件,内部含有两个离得很近的背靠背排列的 PN 结。两个 PN 结上加不同极性、不同大小的偏置电压时,半导体三极管呈现不同的特性和功能。BJT 是放大电路重要的组成之一。

2. 半导体三极管管脚的判别

在安装半导体三极管之前,首先要弄清三极管的管脚排列。本实验中利用万用表来判定三极管管脚。

(1)首先判定 PNP 型和 NPN 型晶体管

用万用表的 R×1 k(或 R×100)挡,用黑表笔接三极管的任一管脚,用红表笔分别接其他两管脚。若表针指示的两阻值均很大,那么黑表笔所接的那个管脚是 PNP 型管的基极;如果万用表指示的两个阻值均很小,那么黑表笔所接的管脚是 NPN 型的基极;如果表针指示的阻值一个很大,一个很小,那么黑表笔所接的管脚不是基极,需要换一个管脚重试,直到满足要求为止。

(2)判定三极管集电极和发射极

首先假定一个管脚是集电极,另一个管脚是发射极;对于 NPN 型三极管,黑表笔接假定是集电极的管脚,红表笔接假定是发射极的管脚(对于 PNP 型管,万用表的红、黑表笔对调);然后用大拇指将基极和假定集电极连接(注意两管脚不能短接),这时记录下万用表的测量值;最后反过来,把原先假定的管脚对调,重新记录下万用表的读数,两次测量值较小的黑表笔所接的管脚是集电极(对于 PNP 型管,则红表笔所接的管脚是集电极)。

3. 放大电路的功能及基本要求

将微弱的电信号不失真地放大到需要的数值,其本质是用小能量的信号通过三极管的电流控制作用,将放大电路中直流电源的能量转化成交流能量输出。对放大电路的基本要求有:要有足够大的放大倍数(电压、电流、功率);尽可能小的波形失真;输入电阻、输出电阻、通频带等其他技术指标。

4. 共射极单管放大电路组成及原理

图 2.2.1 所示为接有发射极电阻的分压式偏置放大电路。其中,晶体管 VT 为放大元件,用基极电流 i_B 控制集电极电流 i_C。电源 U_{CC} 为输出信号提供能量,并保证发射结正偏、集电结反偏。可变电阻 R_{w1},R_2,R_{B1}:用于调整电路的静态工作点。发射极中接有电阻 R_{E1} 用于稳定静态工作点。

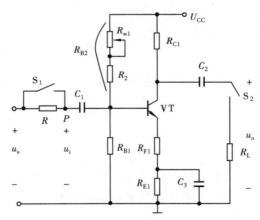

图 2.2.1　共射极单管放大电路

在图 2.2.1 中,当流过偏置电阻 R_{B1} 和 R_{B2} 的电流远大于晶体管 VT 的基极电流 I_B 时(一般 5 ~ 10 倍),它的静态工作点可用下列式子进行估算。

$$V_B \approx \frac{R_{B1}}{R_{B1} + R_{B2}} U_{CC} \tag{2.2.1}$$

$$I_E \approx \frac{V_B - V_{BE}}{R_E} \approx I_C \tag{2.2.2}$$

$$U_{CE} = U_{CC} - I_C(R_C + R_E) \tag{2.2.3}$$

5. 放大电路静态工作点的测量

在放大电路中,设置静态工作点是必不可少的。因为放大电路要将输入信号进行不失真地放大,电路中的 BJT 必须始终工作在放大区。如果没有直流电压和电流,当输入信号 u_i 的幅值小于发射结的门槛电压时,BJT 始终截止,输出电压不会发生变化。所以必须给放大电路设置合适的静态工作点。因此,确定、测量、调节静态工作点是本实验非常重要的一项内容。

在图 2.2.1 中,将放大电路的输入端与地端短接,使其交流输入信号 $u_i = 0$,则此时,电路中的电压、电流都是直流量,分别测量出晶体管各电极对地的电位 V_B、V_C 和 V_E。然后利用 V_E,即可根据 $I_C \approx I_E = \dfrac{V_E}{R_E}$ 算出晶体管的集电极电流 I_C,同时根据 $U_{BE} = V_B - V_E$ 和 $U_{CE} = V_C - V_E$ 即可分别算出晶体管的输入电压 U_{BE} 和晶体管的输出电压 U_{CE}。

6. 静态工作点的调试及对输出波形的影响

基本放大电路静态工作点设置是否合适,会直接影响放大电路的性能和输出波形。若设置不当,将产生饱和失真和截止失真。具体来说,如图 2.2.2 所示,如工作点 Q_1 偏高,放大器在加入交流信号以后易产生饱和失真,此时输出电压 u_o 的负半周将被削底;如工作点 Q_2 偏低,则易产生截止失真,即 u_o 的正半周被缩顶。

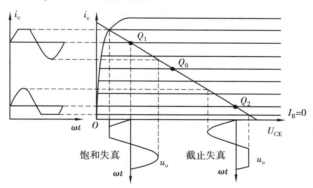

图 2.2.2　静态工作点设置不当引起的失真

这些情况都不符合前面所说的放大电路不失真放大的要求,所以在选定工作点以后还必须进行动态调试,即在放大器的输入端加入一定的输入电压 u_i,检查输出电压 u_o 的大小和波形是否满足要求。如不满足,则应调节静态工作点的位置。实际中多采用调节偏置电阻 R_{B2} 的方法来改变静态工作点,根据式(2.2.1)和式(2.2.2),如果减小 R_{B2},则可增大基极电流,使静态工作点提高,消除截止失真;如果增大 R_{B2},则可减小基极电流,使静态工作点降低,消除饱和失真。

上面所说的工作点“偏高”或“偏低”不是绝对的,应该是相对信号的幅度而言,如输入信号幅度很小,即使工作点较高或较低也不一定会出现失真。如输入信号幅值过大,即使工作点设置合适,也可能产生失真,减小信号幅值即可消除失真。所以确切地说,产生波形失真是信号幅度与静态工作点设置配合不当所致。如需满足较大信号幅度的要求,静态工作点应尽量靠近交流负载线的中点。

7. 最大不失真输出电压 U_{OPP} 的测量

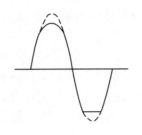

图 2.2.3　静态工作点正常,输入信号太大引起的失真

当输入信号 u_i 较大时,为了减小和避免非线性失真,同时获得输出电压的最大动态范围,应将静态工作点设置在交流负载线的中点。实际测量方法是在放大器正常工作情况下,逐步增大输入信号的幅度,并同时调节 R_{W1}(改变静态工作点),用示波器观察输出电压 u_o,当输出波形同时出现削底和缩顶现象,如图 2.2.3 所示时,说明静态工作点已调在交流负载线的中点。然后反复调整输入信号,使输出波形幅度达到最大且无明显失真时,用示波器直接读出此时输出波形的幅值 U_{OPP} 来。

三、实验设备

序号	名称	型号	数目	单位
1	单管放大电路实验板	DAM-Ⅱ(西科大)	1	块
2	双踪示波器	VP-5220D	1	台
3	函数发生器	EE1641B1、SP1641B、DF1641B1	1	台
4	模拟电子技术实验台	KHM-2/天煌	1	套
5	数字万用表	DT-9205	1	只
6	交流毫伏表	DF2173B	1	只
7	器件与导线	—	若干	根

四、实验内容

1. Multisim 仿真

在电路工作窗口画出电路原理图,从电源库中调用交流信号源、直流稳压电源及接地端,从基本器件库调用电阻、电容器、滑动变阻器。从指示器件库中调用电流表、电压表。点击左上角 Place Transistor,在 BJT_NPN 中找到 2N2218 三极管并添加,点击 Oscilloscope,添加双踪示波器。连接电路如图 2.2.4 所示。

单击"Run"按钮运行电路,用电压表测量晶体管 B、C、E 3 个管脚的电位 V_B、V_C、V_E,并和表 2.2.2 中的理论值以及实际电路测量值进行比较。

比较输入和输出信号的大小及相位,判断电路是否正常工作。调节电位器 R_w,观察静态工作点对输出波形的影响,利用示波器观察饱和失真和截止失真的波形,并根据电压表的读数计算对应的集电极电流值 I_c。

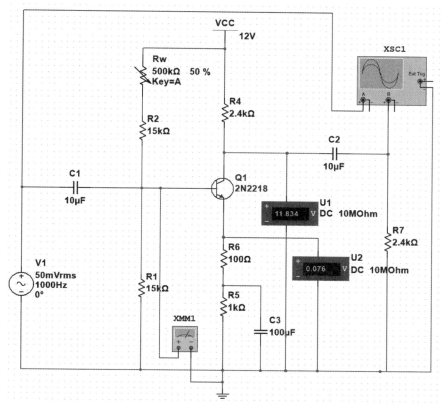

图 2.2.4 　共射极单管放大电路仿真图

2. 实际操作

输出波形无失真电路正常放大时,用万用表测试 3 个管脚的电压值,判断三极管的 3 个管脚。

3. 确定电路参数并连接电路

按如图 2.2.1 所示确定电路元件参数并连接电路,如图 2.2.4 所示为实验参考电路图,根据实验板选择相应的元器件参数: $U_{CC} = 12$ V, $R = 1$ kΩ, $R_{w1} = 100$ kΩ, $R_2 = 15$ kΩ, $R_{B1} = 15$ kΩ, $R_{C1} = 2.4$ kΩ, $R_{F1} = 100$ Ω, $R_{E1} = 1$ kΩ, $C_1 = C_2 = 10$ μF, $C_3 = 100$ μF。

4. 静态工作点的测试

①输入端 u_i 接地,接通 +12 V 电源,电源指示灯亮。

②用万用表直流电压挡测量晶体管集电极和发射极之间的电压 U_{CE},同时调节 R_{w1},使 $U_{CE} \approx \frac{1}{2} U_{CC} = 6$ V。

③当 $U_{CE} \approx \dfrac{1}{2}U_{CC} = 6$ V 时,停止调节 R_{w1},用万用表直流电压挡分别测量出晶体管各电极对地的电位 V_B、V_C 和 V_E,并完成表 2.2.1。

表 2.2.1　静态工作点的有关参数

实测			计算			
V_B/V	V_C/V	V_E/V	I_C/mA	I_E/mA	U_{CE}/V	U_{BE}/V

5. 观察静态工作点对输出波形失真的影响

①置输入 $u_i = 0$,调节 R_{w1},使 $V_E \approx 2$ V,测出 U_{CE} 的值。

②在 u_i 处输入有效值为 10 mV,频率为 1 kHz 的正弦交流信号,增大 R_{w1},使波形出现失真,绘出输出电压 u_o 的波形,并将信号源的输出旋钮旋至零,测出该状态下的静态值 I_C 和 U_{CE}。

③保持输入信号不变,减小 R_{w1},使波形出现失真,绘出输出电压 u_o 的波形,并将信号源的输出旋钮旋至零,测出该状态下的静态值 I_C 和 U_{CE},并完成表 2.2.2。

表 2.2.2　静态工作点对输出波形的影响

I_C/mA	U_{CE}/V	u_o 输出波形	失真情况	管子工作状态

6. 最大不失真输出电压的测量

按照实验原理中所叙述的方法,同时调节输入信号的幅值和电位器 R_{w1},使波形输出幅度最大且无明显失真时,用示波器测量出 U_{opp}。

五、实验报告要求

①预习报告:分析实验放大电路工作原理;研究其直流工作情况,包含相关实验电路图,实验步骤、记录实验数据的表格。

②实验过程记录:记录实际操作电路元件参数,记录电路测量数据,根据实测数据,将结果填入相应的表 2.2.1—表 2.2.2。

③结果处理及分析:列表整理测量结果,并把实测的静态工作点与理论计算值进行比较,分析产生误差的原理;讨论 R_{w1} 的变化对静态工作点的影响,静态工作点变化对放大电路输出波形的影响。

④根据实验现象回答思考题②。

⑤总结分析在电路调试过程中遇到的问题以及处理方法。

六、思考题

①能否用直流电压表直接测量晶体管的静态输入电压 U_{BE}？为什么实验中要采用先测量 V_B、V_E，再间接算出 U_{BE} 的方法？

②当调节 R_{w1}，使放大电路输出波形出现饱和或截止失真时，晶体管的输出电压 U_{CE} 怎样变化？

③单管放大电路中出现非线性失真的原因是什么？如何消除非线性失真？

实验 **3**
单管交流放大电路的动态指标测试及频率响应研究

一、实验目的

①掌握放大电路电压放大倍数、输入电阻、输出电阻等主要性能指标的测量方法。
②掌握放大电路频率响应的测量方法。

二、实验原理

1. 实验参考电路

本次实验参考电路如实验 2 中图 2.2.1 所示，该放大电路的各项动态指标的计算值如下：
（1）电压放大倍数

$$A_V = -\beta \frac{R_C /\!/ R_L}{r_{be}} \qquad (2.3.1)$$

（2）输入电阻

$$R_i = R_{B1} /\!/ R_{B2} /\!/ r_{be} \qquad (2.3.2)$$

（3）输出电阻

$$R_O \approx R_C \qquad (2.3.3)$$

2. 放大电路动态参数指标的测量

放大电路的性能指标是衡量它品质优劣的标准，并决定其适用范围。这里主要讨论放大电路的电压放大倍数、输入电阻、输出电阻等几项主要性能指标。

（1）电压放大倍数 A_V 的测量

放大电路的电压放大倍数是指在输出电压不失真时，输出电压 u_o 与输入电压 u_i 的最大

值或有效值之比,即

$$A_V = \frac{U_o}{U_i} = \frac{U_{om}}{U_{im}} \tag{2.3.4}$$

用交流毫伏表测出图 2.2.1 中输出电压和输入电压的有效值 U_o 和 U_i;或用示波器测量出输出电压和输入电压的最大值 U_{om} 和 U_{im}。

(2)输入电阻 R_i 的测量

输入电阻是指从放大电路输入端看进去的等效电阻。实际测量输入电阻的电路如图 2.3.1 所示,在放大电路的信号源与输入端之间(即图 2.2.1 的 P 点之前)串入一已知电阻 R,在放大电路正常工作的情况下,输入正弦信号 u_s,用交流毫伏表测出 R 两端对地电压的有效值 U_s 和 U_i,或用示波器测出 R 两端对地电压的最大值 U_{sm} 和 U_{im},则根据输入电阻的定义可得

$$R_i = \frac{U_i}{I_i} \tag{2.3.5}$$

而

$$I_i = \frac{U_R}{R} \tag{2.3.6}$$

$$U_R = U_s - U_i \tag{2.3.7}$$

所以

$$R_i = \frac{U_i}{I_i} = \frac{U_i}{\dfrac{U_R}{R}} = \frac{U_i}{\dfrac{U_s - U_i}{R}} = \frac{U_i}{U_s - U_i}R = \frac{U_{im}}{U_{sm} - U_{im}}R \tag{2.3.8}$$

电阻 R 的取值不宜过大或过小,以免产生较大的误差,通常取 R 和 R_i 为同一数量级为好。

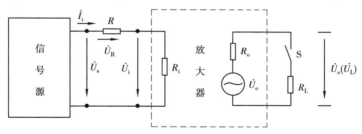

图 2.3.1　输入、输出电阻测量电路

(3)输出电阻 R_o 的测量

输出电阻是指从放大器输出端看进去的等效电阻。实际测量输出电阻的电路如图 2.3.1 所示,在放大电路正常工作条件下,保持输入信号大小不变,分别测出输出端不接负载 R_L 的输出电压有效值 U_o 和接入负载后的输出电压有效值 U_L,根据

$$U_L = \frac{R_L}{R_o + R_L}U_o \tag{2.3.9}$$

即可求出

$$R_o = \left(\frac{U_o}{U_L} - 1\right)R_L \tag{2.3.10}$$

在测试中应注意,必须保持 R_L 接入前后输入信号的大小不变。

3. 放大电路的频率响应

（1）频率响应总体描述

由于在放大电路中一般都有电容,它们对不同频率的信号呈现不同的容抗值,因此放大电路对不同频率的输入信号在幅度上和相位上放大的效果不完全相同,它们表现出了不同的频率特性。频率特性又分为幅频特性和相频特性。幅频特性表示电压放大倍数 A_V 与频率 f 的关系;相频特性表示输出电压与输入电压的相位差 φ 与频率 f 的关系。

如图 2.3.2 所示为某单管共射放大电路的频率特性。从图中可以看出,在放大电路的某一段频率范围内,电压放大倍数与频率无关,A_V 恒为中频电压放大倍数 A_{Vm};输出电压相对于输入电压的相位差为 180°。随着频率的升高或降低,电压放大倍数都要减小,相位差也发生变化。通常规定,当电压放大倍数随频率变化下降为 $\dfrac{1}{\sqrt{2}} A_{Vm}$ 时所对应的两个频率,分别称为下限频率 f_L 和上限频率 f_H,则通频带为

$$f_{BW} = f_H - f_L$$

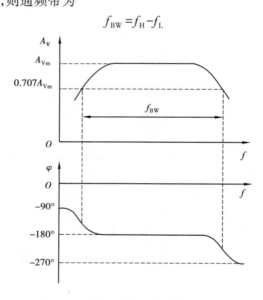

图 2.3.2 某单管放大电路的幅频特性

通频带是表明放大电路频率特性的一个重要指标。设计放大电路的时候,总是希望通频带尽可能宽些,以便让非正弦信号中幅值较大的各次谐波频率都在通频带的范围内,尽量减小频率失真。

（2）幅频响应的测量

测量时用一个频率可调的正弦信号发生器,保持其输出电压的幅度恒定,将其作为被测放大电路的输入信号。每改变一个信号频率,测量其相应的电压放大倍数（在改变信号频率时,应保持其电压幅度不变）。测量时应根据对电路幅频特性测量的要求来选择频率点数的多少。在低频段和高频段应多测几点,在中频段可以少测几点。测量后,将所测各点的测量值连接成曲线,就是被测放大电路的幅频特性。

三、实验设备

序号	名称	型号	数目	单位
1	单管放大电路实验板	DAM-Ⅱ（西科大）	1	块
2	双踪示波器	VP-5220D	1	台
3	函数发生器	EE1641B1、SP1641B、DF1641B1	1	台
4	模拟电子技术实验台	KHM-2/天煌	1	套
5	数字万用表	DT-9205	1	只
6	交流毫伏表	DF2173B	1	只
7	器件与导线	—	若干	根

四、实验内容

1. Multisim 仿真

在电路工作窗口画出电路原理图,从电源库中调用交流信号源、直流稳压电源及接地端,从基本器件库中调用电阻、电容、滑动变阻器,开关元件。从指示器件库中调用电流表、电压表。点击左上角 Place Transistor,在 BJT_NPN 中找到 2N2218 三极管并添加。点击 Multimeter,添加万用表。点击 Oscilloscope,添加双踪示波器。仿真电路如图 2.3.3 所示,并给元器件标识、赋值。测量电压放大倍数并与理论估算值及仿真结果比较。测量放大电路的输入电阻和输出电阻,观察幅频特性曲线。

2. 实际操作

（1）确定电路参数并连接电路

如图 2.3.4 所示为实验参考电路图,根据实验板选择相应的元器件参数:$U_{CC} = 12$ V,$R = 1$ kΩ,$R_{w1} = 100$ kΩ,$R_2 = 15$ kΩ,$R_{B1} = 15$ kΩ,$R_{C1} = 2.4$ kΩ,$R_{F1} = 100$ Ω,$R_{E1} = 1$ kΩ,$C_1 = C_2 = 10$ μF,$C_3 = 100$ μF。

（2）电压放大倍数的测量

断开 S_1,在放大电路输入端 u_i 加入有效值为 10 mV,频率为 1 kHz 的正弦交流信号,用示波器观察输出信号是否失真,如果失真,调节 R_{w1} 消除失真。

①用交流毫伏表分别测量:当开关 S_2 闭合即 $R_L = 2.4$ kΩ 和当开关 S_2 断开 $R_L = \infty$（即负载开路）时输出电压的有效值 U_o,算出电压放大倍数,并与理论估算值及仿真结果比较。

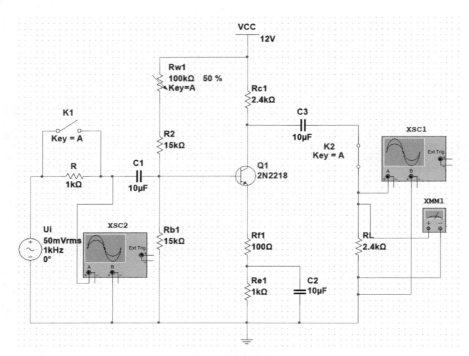

图 2.3.3　放大电路仿真图

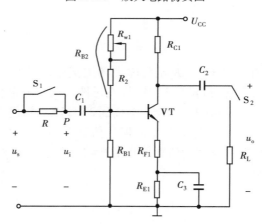

图 2.3.4　放大电路的幅频特性

②用双踪示波器观察输入信号 u_i 和输出信号 u_o 的相位关系,记入表 2.3.1 中。

表 2.3.1　电压放大倍数测量

R_L	U_o/V	A_V(测量值)	A_V(计算值)	画出一组 u_i 和 u_o 的波形
$R_L = 2.4\ \text{k}\Omega$				
$R_L = \infty$				

（3）测量放大电路的输入电阻和输出电阻

令 $R = 1$ kΩ,闭合 S_2 接入负载 $R_L = 2.4$ kΩ,闭合 S_1,在放大电路 u_s 端加入有效值为 10 mV,频率为 1 kHz 的正弦交流信号,用示波器观察输出信号是否失真,如果失真,调节 R_{w1} 消除失真。

①用交流毫伏表分别测量电阻 R 两端对地电位的有效值 U_s 和 U_i，以及输出电压有效值 U_L，填入表 2.3.2 中。

②保持输入 u_s 不变，断开负载 R_L，用交流毫伏表测量输出电压有效值 U_o，填入表 2.3.2 中。

③利用公式（2.3.2）和公式（2.3.3）分别计算出输入电阻和输出电阻的理论值。

表 2.3.2　输入电阻和输出电阻

U_s/mV	U_i/mV	R_i/kΩ		U_L/V	U_o/V	R_0/kΩ	
		测量值	计算值			测量值	计算值

④利用公式（2.3.8）和公式（2.3.10）分别计算出输入电阻和输出电阻的测量值。

（4）幅频特性曲线的测量

断开 R_L，在放大电路 u_i 端加入有效值为 10 mV 的正弦交流信号，保持该输入信号幅度不变，f 从 1 kHz 开始变化，降低或增大信号源频率，逐点（尽量使幅频特性曲线光滑）测出相应输出电压 U_o，设 1 kHz 输入信号对应 U_{o0}，找到输出电压值为 0.707 U_{o0}、0.5 U_{o0}、0.1 U_{o0} 时对应频率点记录，计算 A_V 值，记入表 2.3.3 中。

表 2.3.3　幅频特性

f/Hz	20	60	100	400	1 k	10 k	100 k	200 k	300 k	400 k	500 k
L_{gf}											
U_o/V											
A_V											

五、实验报告要求

①预习报告：分析交流放大电路的动态指标；设计完整的实验步骤，包含相关实验电路图，记录实验数据的表格。

②实验过程记录：记录实际操作电路元件参数，记录测量数据，将结果填入相应的表 2.3.1—表 2.3.3。

③结果处理及分析：列表整理测量结果，并把实测值与理论计算值进行比较，分析产生误差的原因；分析 R_L 对电压放大倍数、输入输出电阻的影响；分析放大电路对不同频率输入信号的放大能力。

④根据实验现象回答思考题①。

⑤总结分析在电路测量过程中遇到的问题。

六、思考题

①R_L 对电压放大倍数、输入电阻和输出电阻有哪些影响？

②改变静态工作点对放大电路的输入电阻是否会有影响？

实验 **4**

场效应管放大电路研究

一、实验目的

①研究场效应晶体管放大电路的特点。
②比较场效应管放大电路与双极型晶体管放大电路的不同。
③掌握场效应管放大电路性能指标的测试方法。

二、实验原理

1. 场效应管简介

场效应管(FET)是一种电压控制型的半导体器件,它是一个三端元器件,分别为栅极 G、源极 S 和漏极 D。按其结构和工作原理不同,可分为绝缘栅型场效应管(MOSFET)和结型场效应管(JFET)。它不仅像双极型晶体管一样具有体积小、质量轻、耗电少、寿命长等优点,而且与双极型晶体管相比,它的输入阻抗很高,可达 $10^9 \sim 10^{12}$ Ω,热稳定性好,抗辐射能力强。它的最大优点为占用硅片面积小,制作工艺简单,成本低,很容易在硅片上大规模集成。因此在大规模集成电路中占有极其重要的地位。由于 MOSFET 制造工艺的成熟使得它的体积可以做得很小,从而可以制造高密度的超大规模集成(VLSI)电路和大容量的可编程器件或存储器。JFET 放大电路相对应用较少。本实验研究基于 MOSFET 的共源极放大电路的性能。

场效应管共源极放大器具有以下特点:输入阻抗高,电压放大倍数较小。与三极管放大电路一样,为了使场效应管电路正常放大,必须设置合适又稳定的静态工作点,以保证在输入信号整个周期内,场效应管均工作在恒流区。

2. 分压式共源极放大电路的组成

图 2.4.1 所示为采用分压式偏置的共源极放大电路，R_{g1} 和 R_{g2} 为分压电阻，电阻 R_g 的作用是提高放大电路的输入电阻，R_g 的接入对电压放大倍数并无影响，在静态时 R_g 中无电流通过，因此也不影响静态工作点。

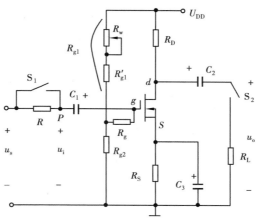

图 2.4.1　分压式共源极放大电路

3. 有关计算公式

（1）静态工作点的估算
栅-源电压：

$$U_{GS} = \frac{R_{g2}}{R_{g1}+R_{g2}} U_{DD} - R_S I_D \tag{2.4.1}$$

栅极电位：

$$V_G = \frac{R_{g2}}{R_{g1}+R_{g2}} U_{DD} \tag{2.4.2}$$

漏极电流：

$$I_D = I_{DSS}\left(1 - \frac{U_{GS}}{U_{GS(off)}}\right)^2 \tag{2.4.3}$$

漏-源电压：

$$U_{DS} = U_{DD} - (R_D + R_S) I_D \tag{2.4.4}$$

（2）各动态指标
电压放大倍数：

$$A_u = -g_m(R_D /\!/ R_L) = -g_m R_L' \tag{2.4.5}$$

输入电阻：

$$R_i = R_g + (R_{g1} /\!/ R_{g2}) \tag{2.4.6}$$

输出电阻：

$$R_O = R_D \tag{2.4.7}$$

4. 场效应管放大电路静态工作点的测试

对于场效应管放大电路静态工作点的测量方法与实验 2 中单管交流放大电路的相应测量方法一样。

（1）静态工作点的测量

在图 2.4.1 中，将放大电路的输入端与地端短接，使其交流输入信号 $u_i=0$，则此时电路中的电压、电流都是直流量，分别测量出场效应管各电极对地的电位 V_G、V_D 和 V_S。然后利用 V_S，即可根据 $I_D \approx I_S = \dfrac{V_S}{R_S}$ 算出场效应管的漏极电流 I_D，同时根据 $U_{GS}=V_G-V_S$ 和 $U_{DS}=V_D-V_S$ 即可分别算出场效应管的栅-源电压 U_{GS} 和漏-源电压 U_{DS}。

（2）静态工作点的调试

场效应管静态工作点的调试是指对场效应管漏极电流 I_D 或漏-源电压 U_{DS} 的调整与测试。静态工作点设置是否合适，对放大器的性能和输出波形都有很大影响。实际中多采用调节偏置电阻 R_{g1} 的方法来改变静态工作点。

5. 场效应管放大电路动态指标的测试

对于场效应管放大电路电压放大倍数和输出电阻的测量方法与实验 3 中单管交流放大电路的相应测量方法一样，不同的是输入电阻的测量方法。

（1）电压放大倍数的测量

放大电路的电压放大倍数是指在输出电压不失真时，输出电压 u_o 与输入电压 u_i 的最大值或有效值之比。

$$A_V = \frac{U_o}{U_i} = \frac{U_{om}}{U_{im}} \tag{2.4.8}$$

用交流毫伏表测出图 2.4.1 中输出电压和输入电压的有效值 U_o 和 U_i；或用示波器测量出输出电压和输入电压的最大值 U_{om} 和 U_{im}。

（2）输入电阻 R_i 的测量

因为场效应管的输入电阻 R_i 比较大，如果直接测输入电压有效值 U_S 和 U_i，由于测量仪器的输入电阻有限，必然会带来较大的误差。对于这种输入电阻很高的放大电路，通常采用输出换算法来测量场效应管放大电路的输入电阻 R_i。因此，为了减少误差，常利用被测放大

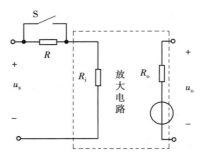

图 2.4.2　输出换算法测量输入电阻

电路的隔离作用，通过测量输出电压 U_o 来计算输入电阻，如图 2.4.2 所示。在放大电路的输入端串入电阻 R（但要注意：R 和 R_i 不要相差太大，本实验可取 $R=100 \sim 200$ kΩ）。当开关 S 合上时（即 $R=0$），测量放大电路的输出电压有效值 $U_{O1}=A_V U_S$；保持 u_s 不变，再将开关 S 打开（即接入 R），测量放大电路的输出电压有效值 U_{O2}。由于两次测量中的 A_V 和 U_S 保持不变，故

$$U_{O2} = A_V U_i = \frac{R_i}{R+R_i} U_S A_V$$

由此可得：

$$R_i = \frac{U_{O2}}{U_{O1} - U_{O2}} R \qquad (2.4.9)$$

（3）输出电阻 R_O 的测量

在放大电路正常工作条件下，测出输出端不接负载 R_L 的输出电压有效值 U_O 和接入负载后的输出电压有效值 U_L，根据

$$U_L = \frac{R_L}{R_O + R_L} U_O \qquad (2.4.10)$$

即可求出

$$R_O = \left(\frac{U_O}{U_L} - 1 \right) R_L \qquad (2.4.11)$$

在测试中应注意，必须保持 R_L 接入前后输入信号的大小不变。

三、实验设备

序号	名称	型号	数目	单位
1	场效应管放大电路实验板	DAM-Ⅱ（西科大）	1	块
2	双踪示波器	VP-5220D	1	台
3	函数发生器	EE1641B1、SP1641B、DF1641B1	1	台
4	模拟电子技术实验台	KHM-2/天煌	1	套
5	数字万用表	DT-9205	1	只
6	交流毫伏表	DF2173B	1	只
7	器件与导线	—	若干	根

四、实验内容

1. Multisim 仿真

在电路工作窗口画出电路原理图，从电源库中调用交流信号源、直流稳压电源及接地端，从基本器件库调用电阻、电容、滑动变阻器、开关元件。从指示器件库中调用电压表，点击左上角 Place Transistor，在 JFET_P 中找到 2N2608 场效应管并添加。点击 Multimeter，添加万用表。点击 Oscilloscope，添加双踪示波器。仿真电路如图 2.4.3 所示，并给元器件标识、赋值。测量并调整静态工作点，测量放大器电压放大倍数 A_V，测量放大电路的输入电阻和输出电阻，测量最大不失真输出电压。

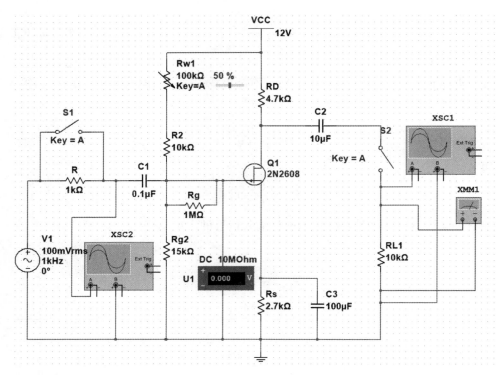

图 2.4.3　放大电路仿真图

2. 实际操作

（1）确定电路参数并连接电路

如图 2.4.1 所示为实验参考电路图根据实验板选择相应的元器件参数：$U_{DD} = 12$ V，$R_w = 100$ kΩ，$R'_{g1} = 10$ kΩ，$R_{g2} = 15$ kΩ，$R_g = 1$ MΩ，$R_S = 2.7$ kΩ，$R_D = 4.7$ kΩ，$C_1 = 0.10$ μF，$C_2 = 10$ μF，$C_3 = 100$ μF，$R_L = 10$ kΩ。

（2）静态工作点的测量与调整

按如图 2.4.1 所示操作方式接好电路，经检查无误之后，先调整 I_D 约等于 3 mA，再测量场效应管 V_G、V_S、V_D，记入表 2.4.1 中。

表 2.4.1　静态工作点的测量

测量值						计算值		
V_G/V	V_S/V	V_D/V	U_{DS}/V	U_{GS}/V	I_D/mA	U_{DS}/V	U_{GS}/V	I_D/mA

（3）测量放大器电压放大倍数 A_V（测量时合上 S_1、S_2）

在放大电路输入端加入有效值为 100 mV，频率为 1 kHz 的正弦交流信号 u_i，用示波器观察输出信号是否失真，如果失真，调节 R_w 消除失真。

①用交流毫伏表分别测量当 $R_L = 10$ kΩ 及 $R_L = \infty$（即负载开路）时输出电压的有效值 U_O，算出电压放大倍数，并与理论估算值比较。

②用双踪示波器观察输入信号 u_i 和输出信号 u_o 的相位关系,记入表 2.4.2 中。

表 2.4.2　电压放大倍数测量

R_L	U_o/V	A_V(测量值)	A_V(计算值)	画出一组 u_i 和 u_o 的波形
$R_L = 10\ k\Omega$				
$R_L = \infty$				

(4)测量放大电路的输入电阻和输出电阻

在放大电路 u_s 端加入有效值为 100 mV,频率为 1 kHz 的正弦交流信号,用示波器观察输出信号是否失真,如果失真,调节 R_w 消除失真。

①合上开关 S_1(即 $R=0$)和 S_2,用交流毫伏表测量放大电路的输出电压 U_{O1};保持 u_s 不变,打开 S_1(即接入 R),用交流毫伏表测量放大电路的输出电压 U_{O2},填入表 2.4.3 中。

②保持输入 u_s 不变,断开开关 S_2(即断开负载 R_L),用交流毫伏表测量输出电压有效值 U_o,填入表 2.4.3 中。

③利用公式(2.4.9)和公式(2.4.11)分别计算出输入电阻和输出电阻的测量值。

表 2.4.3　输入电阻和输出电阻

U_{O1}/V	U_{O2}/V	$R_i/k\Omega$		U_L/V(即 U_{O2})	U_o/V	$R_O/k\Omega$	
		测量值	计算值			测量值	计算值

④利用公式(2.4.6)和公式(2.4.7)计算出 R_i 和 R_O 的理论值。

(5)测量最大不失真输出电压

用示波器监视 u_i 及 u_o 波形,逐渐增大输入电压 u_i,读取最大不失真输出电压值 U_{opp}。

五、实验报告要求

①预习报告:分析场效应管放大电路特性;完整的实验步骤,包含相关实验电路图,记录实验数据的表格。

②实验过程记录:记录实际操作电路的元件参数,记录测量数据,将结果填入相应的表 2.4.1—表 2.4.3。

③结果处理及分析:列表整理测量结果,并把实测值与理论计算值进行比较,分析产生误差的原因;通过对数据的总结,对场效应管工作在不同情况下的特点进行分析,进一步掌握场效应管的相应特点;总结场效应管与晶体管组合放大电路的特点。

④回答思考题中②。

⑤总结分析在电路调试过程中遇到的问题以及处理方法。

六、思考题

①场效应管放大电路和双极型管放大电路的性能有何差别?

②场效应管放大电路输入回路的电容 C_1 为什么可以选用 $0.1\ \mu F$,而三极管放大电路中的输入耦合电容为什么不能选如此小的电容?

实验 **5**

低频 OTL 功率放大器研究

一、实验目的

① 进一步理解 OTL 功率放大器的工作原理。

② 学习 OTL 电路的调试方法及主要性能指标的测试方法。

二、实验原理

图 2.5.1 所示为 OTL 低频功率放大器实验电路,晶体三极管 VT_1 组成推动级(也称前置放大级),VT_2、VT_3 是一对参数对称的 NPN 和 PNP 型晶体三极管,它们组成互补推挽 OTL 功放电路。由于每一个管子都接成射极输出器形式,因此具有输出电阻低,负载能力强等优点,适合用作功率输出级。VT_1 管工作于甲类状态,它的集电极电流 I_{C1} 由电位器 R_{W1} 进行调节。I_{C1} 的一部分流经电位器 R_{W2} 及二极管 VD,给 VT_2、VT_3 提供偏压,调节 R_{W2},可以使 VT_2、VT_3 得到合适的静态电流而工作于甲、乙类状态,以克服交越失真。静态时要求输出端中点 A 的电位 $U_A = U_{CC}/2$,可以通过调节 R_{W1} 来实现,又由于 R_{W1} 的一端接在 A 点,因此在电路中引入交、直流电压并联负反馈,一方面能够稳定放大器的静态工作点,同时也改善了非线性失真。

当输入正弦交流信号 u_i 时,经 VT_1 放大、倒相后同时作用于 VT_2、VT_3 的基极,u_i 的负半周使 VT_2 管导通(VT_3 管截止),有电流通过负载 R_L,同时向电容 C_0 充电,在 u_i 的正半周,VT_3 管导通(VT_2 管截止),则已充好电的电容器 C_0 起着电源的作用,通过负载 R_L 放电,这样在 R_L 上就得到完整的正弦波。

C_2 和 R 构成自举电路,用于提高输出电压正半周的幅度,以得到大的动态范围。

OTL 电路的主要性能指标如图 2.5.1 所示。

103

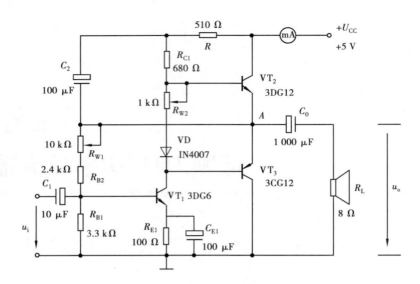

图 2.5.1　OTL 功率放大器实验电路

1. 最大不失真输出功率 P_{om}

在理想情况下,最大不失真输出功率为:

$$P_{om} = \frac{1}{8}\frac{U_{CC}^2}{R_L}\qquad(2.5.1)$$

实验中可通过测量 R_L 两端的电压有效值来求得实际值,即

$$P_{om} = \frac{U_O^2}{R_L}\qquad(2.5.2)$$

2. 效率 η

$$\eta = \frac{P_{om}}{P_E}\times100\%\qquad(2.5.3)$$

P_E 为直流电源供给的平均功率。理想情况下,$\eta_{max} = 78.5\%$;在实验中,可测量电源供给的平均电流 I_{dc},从而求得 $P_E = U_{CC}\times I_{dc}$,再利用式(2.5.2)求得的 P_{om},可以计算实际效率。

3. 输入灵敏度

输入灵敏度是指输出最大不失真功率时,输入信号 U_i 之值。

三、实验设备

序号	名称	型号与规格	数目	单位
1	双踪示波器	VP-5220D(或 DS1072U)	1	台
2	函数发生器	EE1641B1(或 DG1022U)	1	台

序号	名称	型号与规格	数目	单位
3	OTL 功放实验电路板	天煌或自制	1	块
4	数字万用表	DT-9205(或 MY65)	1	只
5	模电实验箱(平台)	DAM-Ⅱ(西科大)(或 KHM-2/天煌)	1	块
6	扬声器	8 Ω	1	台
7	导线	专用	40	根

四、实验内容

1. Multisim 仿真

在电路工作窗口画出电路原理图,从电源库中调用交流信号源、直流稳压电源及接地端,从基本器件库中调用电阻、电容、滑动变阻器、开关元件。从指示器件库中调用电压表,点击左上角 Place Transistor,在 BJT_NPN 中找到 2N2218 三极管并添加,在 BJT_PNP 中找到 2N2906 三极管并添加。点击左上角 Place Diode 找到 DIODE,选择型号为 1N4007 的二极管。点击 Multimeter,添加万用表。点击 Oscilloscope,添加双踪示波器。仿真电路如图 2.5.2 所示,并给元器件标识、赋值。测试静态工作点、最大输出功率 P_{om} 和效率 η、输入灵敏度、频率响应和噪声电压。

2. 实际操作

(1)静态工作点的测试

按如图 2.5.1 所示操作方式连接实验电路,将输入信号旋钮旋至零($u_i = 0$),电源进线中串入直流毫安表,电位器 R_{W2} 置最小值,R_{W1} 置中间位置。接通 +5 V 电源,观察毫安表指示,同时用手触摸输出级管子,若电流过大,或管子温升显著,应立即断开电源检查原因(如 R_{W2} 开路,电路自激,或输出管性能不好等)。如无异常现象,可开始调试。

①调节输出端中点电位 U_A。调节电位器 R_{W1},用直流电压表测量 A 点电位,使 $U_A = V_{CC}/2$。

②调整输出极静态电流及测试各级静态工作点。调节 R_{W2},使 VT_2、VT_3 管的 $I_{C2} = I_{C3} = 5 \sim 10$ mA(从减小交越失真角度而言,应适当加大输出极静态电流,但该电流过大,会使效率降低,所以一般以 5~10 mA 为宜)。由于毫安表串在电源进线中,因此测的是整个放大器的电流,但一般 T_1 的集电极电流 I_{C1} 较小,从而可以把测得的总电流近似当作末级的静态电流。如要准确得到末级静态电流,则可从总电流中减去 I_{C1} 之值。

调整输出级静态电流还可采用动态调试法。先使 $R_{W2} = 0$,在输入端接入 $f = 1$ kHz 的正弦信号 u_i。逐渐加大输入信号的幅值,此时,输出波形应出现较严重的交越失真(注意没有饱和或截止失真),然后缓慢增大 R_{W2},当交越失真刚好消失时,停止调节 R_{W2},恢复 $u_i = 0$,此时直流毫安表读数即为输出级静态电流。一般数值也应为 5~10 mA,如过大,则要检查电路。

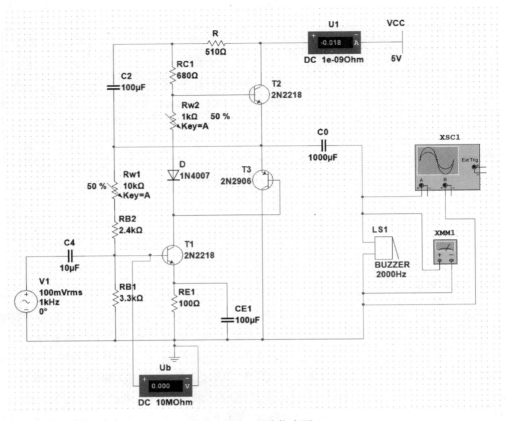

图 2.5.2　电路仿真图

输出级电流调好以后,在 $U_A=2.5$ V 时测量各级静态工作点电压,记入表 2.5.1 中,并记录 I_{C2} 和 I_{C3} 的值。

表 2.5.1　静态工作点电压测试

测量范围	VT_1	VT_2	VT_3
U_B/V			
U_C/V			
U_E/V			

注意:①在调整 R_{W2} 时,要注意旋转方向,不要调得过大,更不能开路,以免损坏输出管。

②输出管静态电流调好,如无特殊情况,不得随意旋动 R_{W2} 的位置。

(2)最大输出功率 P_{om} 和效率 η 的测试

①测量 P_{om}。输入端接 $f=1$ kHz 的正弦信号 u_i,输出端用示波器观察输出电压 u_o 波形。逐渐增大 u_i,使输出电压达到最大不失真输出,用交流毫伏表测出负载 R_L 上的电压 U_{om},则

$$P_{om}=\frac{U_{om}^2}{R_L} \tag{2.5.4}$$

②测量 η。当输出电压为最大不失真输出时,读出直流毫安表中的电流值,此电流即为直

流电源供给的平均电流 I_{dc}（有一定误差），由此可近似求得 $P_E = U_{CC} \times I_{dc}$，再根据上面测得的 P_{om}，即可求出 $\eta = P_{om}/P_E$。

（3）输入灵敏度的测试

根据输入灵敏度的定义，只要测出输出功率 $P_o = P_{om}$ 时的输入电压值 U_i 即可。

（4）频率响应的测试

测试方法见前面单管交流放大器等实验有关内容，此处不再重述，并将有关数据记入表 2.5.2 中。

表 2.5.2　频率响应测试数据（$U_i =$ 　　mV）

		f_L		f_0		f_H		
f/Hz				1 000				
U_0/V								
A_V								

在测试时，为了保证电路的安全，应在较低电压下进行，通常取输入信号为输入灵敏度的 50%。在整个测试过程中，应保持 U_i 为恒定值，且输出波形不得失真。

（5）噪声电压的测试

测量时将输入端短路（$U_i = 0$），观察输出噪声波形，并用交流毫伏表测量输出电压，即为噪声电压 U_N，本电路若 $U_N < 15$ mV，即满足要求。

3. 注意事项

在整个测试过程中，电路不应有自激现象。

五、实验报告要求

①预习报告：分析低频 OTL 功率放大器的动态指标；包含完整的实验步骤，相关实验电路图，记录实验数据的表格。

②实验过程记录：记录实际操作电路的元件参数，记录测量数据，将结果填入相应的表 2.5.1—表 2.5.2。

③结果处理及分析：列表整理测量结果，并把实测值与理论计算值进行比较，分析产生误差的原理；计算静态工作点、最大不失真输出功率 P_{om}、效率 η 等，并与理论值进行比较；画幅频响应曲线，总结功放对不同频率输入信号的放大能力。

④根据实验现象回答思考题①。

⑤总结分析在实验过程中遇到的问题以及处理方法。

六、思考题

①电路中电位器 R_{w2} 如果开路或短路,对电路工作有何影响?

②为了不损坏输出管,调试中应注意什么问题?

③如电路有自激现象,应如何消除?

实验 **6**
集成运算放大器指标测试

一、实验目的

①掌握运算放大器主要指标的测试方法。

②通过对运算放大器 μA741 指标的测试,了解集成运算放大器组件的主要参数的定义和表示方法。

二、实验原理

集成运算放大器是一种线性集成电路,和其他半导体器件一样,可采用一些性能指标来衡量其质量的优劣。为正确使用集成运放,必须了解其主要参数指标。集成运放组件的各项指标通常是由专用仪器进行测试,这里介绍的是一种简易测试方法。

本实验采用的集成运放型号为 UA741(或 F007),引脚排列如图 2.6.1 所示,它是 8 脚双列直插式组件,2 脚和 3 脚为反相和同相输入端,6 脚为输出端,7 脚和 4 脚分别为正、负电源端,1 脚和 5 脚为失调调零端,1、5 脚之间可接入一只几十千欧的电位器并将滑动触头接到负电源端,8 脚为空脚。

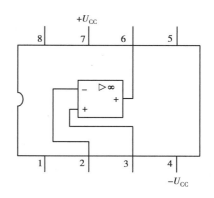

图 2.6.1 μA741 管脚图

(1)UA741 主要指标测试

测试 UA741 的主要性能指标。

(2)输入失调电压 U_{0S}

理想运放组件的输入信号为零时,输出也为零。但是即使是最优质的集成组件,由于运放内部差动输入级参数的不完全对称,输出电压往往不为零。这种零输入时输出不为零的现象称为集成运放的失调。

输入失调电压 U_{0S} 是指输入信号为零时,输出端出现的电压折算到同相输入端的数值。

失调电压测试电路如图 2.6.2 所示。闭合开关 S_1 及 S_2,使电阻 R_B 短接,测量此时的输出电压 U_{01} 即为输出失调电压,则输入失调电压为:

$$U_{0S} = \frac{R_1}{R_1 + R_F} U_{01} \qquad (2.6.1)$$

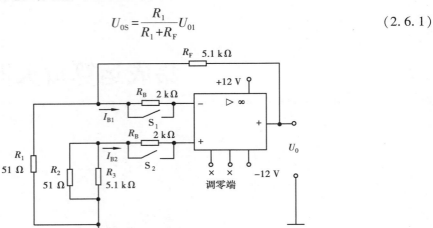

图 2.6.2 U_{0S}、I_{0S} 测试电路

实际测出的 U_{01} 可能为正,也可能为负,一般为 1~5 mV,高质量运放的 U_{0S} 在 1 mV 以下。测试中应注意将运放调零端开路,且要求电阻 R_1 和 R_2,R_3 和 R_F 的参数严格对称。

(3)输入失调电流 I_{0S}

输入失调电流 I_{0S} 是指当输入信号为零时,运放的两个输入端的基极偏置电流之差,即

$$I_{0S} = |I_{B1} - I_{B2}| \qquad (2.6.2)$$

输入失调电流的大小反映了运放内部差动输入级两个晶体管 β 的失配度,由于 I_{B1},I_{B2} 本身的数值已很小(微安级),因此它们的差值通常不是直接测量的,测试电路如图 2.6.2 所示,测试分为两个步骤进行。

①闭合开关 S_1 及 S_2,在低输入电阻下,测量输出电压 U_{01},如前所述,这是由输入失调电压 U_{0S} 所引起的输出电压。

②断开 S_1 及 S_2,接入两个输入电阻 R_B,由于 R_B 阻值较大,流经它们的输入电流的差异,将变成输入电压的差异,因此,也会影响输出电压的大小,可见测出两个电阻 R_B 接入时的输出电压 U_{02},从中扣除输入失调电压 U_{0S} 的影响,则输入失调电流 I_{0S} 为:

$$I_{0S} = |I_{B1} - I_{B2}| = |U_{02} - U_{01}| \frac{R_1}{R_1 + R_F} \frac{1}{R_B} \qquad (2.6.3)$$

一般 I_{0S} 为几十至几百 nA(10^{-9} A),高质量运放 I_{0S} 低于 1 nA。

测试中应注意将运放调零端开路,且两输入端电阻 R_B 必须精确配对。

(4)开环差模放大倍数 A_{ud}

集成运放在没有外部反馈时的直流差模放大倍数称为开环差模电压放大倍数,用 A_{ud} 表示。它定义为开环输出电压 U_0 与两个差分输入端之间所加信号电压 U_{id} 之比,即

$$A_{ud} = \frac{U_0}{U_{id}} \qquad (2.6.4)$$

按定义 A_{ud} 应是信号频率为零时的直流放大倍数,但为了测试方便,通常采用低频(几十 Hz 以下)正弦交流信号进行测量。由于集成运放的开环电压放大倍数很高,难以直接进行测量,故一般采用闭环测量方法。A_{ud} 的测试方法很多,现采用交、直流同时闭环的测试方法,如图 2.6.3 所示。

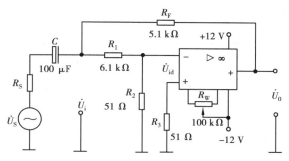

图 2.6.3　A_{ud} 测试电路

被测运放一方面通过 R_F、R_1、R_2 完成直流闭环,以抑制输出电压漂移,另一方面通过 R_F 和 R_S 实现交流闭环,外加信号 U_S 经 R_1、R_2 分压,使 U_{id} 足够小,以保证运放工作在线性区,同相输入端电阻 R_3 应与反相输入端电阻 R_2 相匹配,以减小输入偏置电流的影响,电容 C 为隔直电容。被测运放的开环电压放大倍数为

$$A_{ud} = \frac{U_O}{U_{id}} = \left(1 + \frac{R_1}{R_2}\right)\frac{U_O}{U_i} \tag{2.6.5}$$

通常低增益运放 A_{ud} 为 60～70 dB,中增益运放约为 80 dB,高增益在 100 dB 以上,可达 120～140 dB。

测试前电路应首先消振及调零,保证被测运放工作在线性区,且输入信号频率应较低,一般用 50～100 Hz,输出信号幅度应较小,且无明显失真。

(5)共模抑制比 CMRR

集成运放的差模电压放大倍数 A_d 与共模电压放大倍数 A_C 之比称为共模抑制比

$$\text{CMRR} = \left|\frac{A_d}{A_C}\right| \qquad 或 \qquad \text{CMRR} = 20 \lg\left|\frac{A_d}{A_C}\right| \tag{2.6.6}$$

共模抑制比在应用中是一个很重要的参数,输入共模信号时,理想运放输出为零,但在实际的集成运放中,其输出不可能没有共模信号的成分,输出端共模信号越小,说明电路的对称性越好,也就是说运放对共模干扰信号的抑制能力越强,即 CMRR 越大。CMRR 的测试电路如图 2.6.4 所示。

集成运放工作在闭环状态下的差模电压放大倍数为:

$$A_d = -\frac{R_F}{R_1} \tag{2.6.7}$$

当接入共模输入信号为 U_{ic} 时,测得 U_{OC},则共模电压放大倍数为:

$$A_C = \frac{U_{OC}}{U_{iC}} \tag{2.6.8}$$

得共模抑制比

$$CMRR = \left| \frac{A_d}{A_C} \right| = \frac{R_F}{R_1} \frac{U_{iC}}{U_{OC}} \qquad (2.6.9)$$

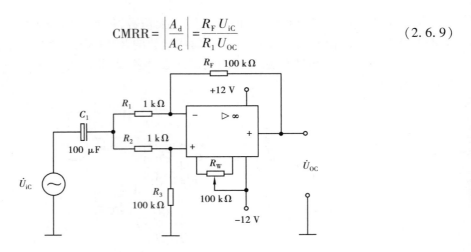

图 2.6.4　CMRR 测试电路

测试中应注意消振与调零,保证 R_1 与 R_2、R_3 与 R_F 之间阻值严格对称,且输入信号 U_{iC} 幅度必须小于集成运放的最大共模输入电压范围 U_{icm}。

(6)共模输入电压范围 U_{icm}

集成运放所能承受的最大共模电压称为共模输入电压范围,超出该范围,运放的 CMRR 会大大下降,输出波形产生失真,有些运放还会出现"自锁"现象以及永久性的损坏。

U_{icm} 的测试电路如图 2.6.5 所示,被测运放接成电压跟随器形式,输出端接示波器,观察最大不失真输出波形,从而确定 U_{icm} 值。

(7)输出电压最大动态范围 U_{OPP}

集成运放的动态范围与电源电压、外接负载及信号源频率有关,测试电路如图 2.6.6 所示。改变 u_S 幅度,观察 u_0 削顶失真开始时刻,从而确定 u_0 的不失真范围,这就是运放在某一定电源电压下可能输出的电压峰峰值 U_{OPP}。

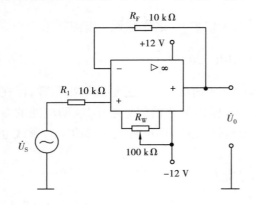

图 2.6.5　U_{icm} 测试电路

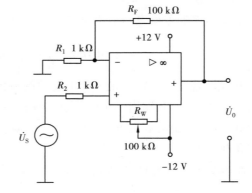

图 2.6.6　U_{OPP} 测试电路

集成运放在使用时应考虑的一些问题:

①输入信号选用交、直流量均可,但在选取信号的频率和幅度时,应考虑运放的频响特性和输出幅度的限制。

②调零:为提高运算精度,在运算前应首先对直流输出电位进行调零,即保证输入为零时,

112

输出也为零。当运放有外接调零端子时,可按组件要求接入调零电位器 R_W,调零时,将输入端接地,调零端接入电位器 R_W,用直流电压表测量输出电压 U_O,细心调节 R_W,使 U_O 为零(即失调电压为零)。如运放没有调零端子,可按图 2.6.7 所示电路进行调零。

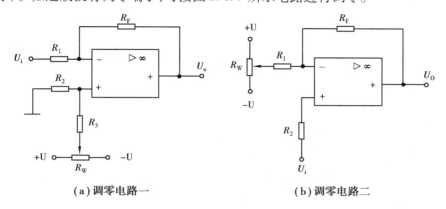

(a)调零电路一   (b)调零电路二

图 2.6.7   调零电路

运放不能调零,可能原因包括:组件正常,接线有错误。组件正常,但负反馈不够强(R_F/R_1 太大),可将 R_F 短路,观察是否能调零。组件正常,但由于所允许的共模输入电压太低,可能出现自锁现象,因而不能调零。可将电源断开后,再重新接通,如能恢复正常,则属于此种情况。组件正常,但电路有自激现象,应进行消振。组件内部损坏,应更换好的集成块。

③消振。一个集成运放自激时,表现为即使输入信号为零,也会有输出,使各种运算功能无法实现,严重时还会损坏器件。在实验中,可用示波器监视输出波形。为消除运放的自激,常采用如下措施:

a. 若运放有相位补偿端子,可利用外接 RC 补偿电路,产品手册中有补偿电路及元件参数提供。

b. 电路布线、元、器件布局应尽量减少分布电容。

c. 在正、负电源进线与地之间接上几十微法的电解电容和 0.01 ~ 0.1 μF 的陶瓷电容相并联以减小电源引线的影响。

三、实验设备

序号	名称	型号与规格	数目	单位
1	双踪示波器	VP-5220D(或 DS1072U)	1	台
2	函数发生器	EE1641B1(或 DG1022U)	1	台
3	毫伏表	DF2173B(或 UT632)	1	只
4	数字万用表	DT-9205(或 MY65)	1	只
5	集成运放实验板	μA741	1 ~ 2	块
6	模电实验箱(平台)	DAM-Ⅱ(西科大)(或 KHM-2/天煌)	1	块
7	导线	专用	40	根

四、实验内容

实验前看清运放管脚排列及电源电压极性及数值,切忌正负电源接反。

1. 测量输入失调电压 U_{0S}

(1)Multisim 仿真

在电路工作窗口画出电路原理图,从电源库中调用直流稳压电源及接地端,从基本器件库调用电阻,DIPSW1 开关,指示器件库中调用电压表。点击左上角 Place Analog,在 OPAMP 中找到 UA741CD 并添加,画出仿真电路如图 2.6.8 所示。单击 Multisim 软件右上角的仿真电源开关按钮,即可得到仿真结果。闭合开关 K_1、K_2,用直流电压表测量输出端电压 U_{01},计算 U_{0S},并记录仿真值。

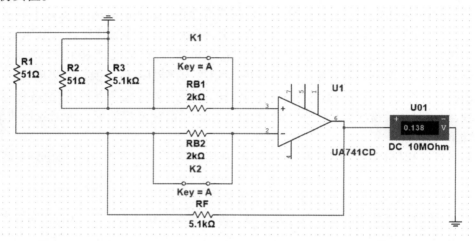

图 2.6.8　U_{0S}、I_{0S} 测试电路仿真图

(2)实际操作

按图 2.6.2 所示连接实验电路,闭合开关 S_1、S_2,用直流电压表测量输出端电压 U_{01},并计算 U_{0S},记入表 2.6.1 中。

2. 测量输入失调电流 I_{0S}

实验电路如图 2.6.2 所示,打开开关 S_1、S_2,用直流电压表测量 U_{02},并计算 I_{0S}。记入表 2.6.1 中。

表 2.6.1　测量输入失调电压和输入失调电流

U_{0S}/mV		I_{0S}/nA		A_{ud}/dB		CMRR/dB	
实测值	典型值	实测值	典型值	实测值	典型值	实测值	典型值
	2～10		50～100		100～106		80～86

3. 测量开环差模电压放大倍数 Aud

（1）Multisim 仿真

在电路工作窗口画出电路原理图，从电源库中调用交流信号源、直流稳压电源 VEE 及接地端，从基本器件库调用电阻、电容、滑动变阻器等元件。添加万用表，并根据需要设置为交流毫伏表。点击左上角 Place Analog，在 OPAMP 中找到 UA741CD 并添加，画出仿真电路如图 2.6.9 所示。单击 Multisim 软件右上角的仿真电源开关按钮，即可得到仿真结果。用示波器监视输出波形，用交流毫伏表测量 U_0 和 U_i，计算 A_{ud}，并记录仿真值。

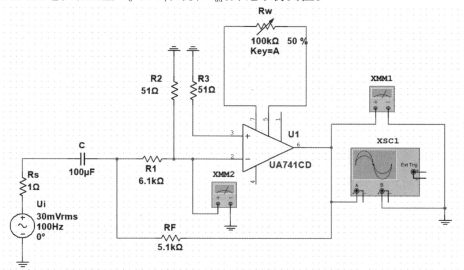

图 2.6.9　A_{ud} 测试电路仿真图

（2）实际操作

按如图 2.6.3 所示操作方式连接实验电路，运放输入端加频率 100 Hz，大小为 30 ~ 50 mV 正弦信号，用示波器监视输出波形，用交流毫伏表测量 U_0 和 U_i，并计算 A_{ud}，记入表 2.6.1 中。

4. 测量共模抑制比 CMRR

（1）Multisim 仿真

在电路工作窗口画出电路原理图，从电源库中调用交流信号源、直流稳压电源及接地端，从基本器件库调用电阻、电容器元件、滑动变阻器，开关元件。添加万用表，并根据需要设置为交流毫伏表，点击左上角 Place Analog，在 OPAMP 中找到 UA741CD 并添加，画出仿真电路如图 2.6.10 所示。单击 Multisim 软件右上角的仿真电源开关按钮，即可得到仿真结果。输入端加 f = 100 Hz，U_{iC} = 1 ~ 2 V 正弦信号，观察输出波形。记录 U_{oC} 和 U_{iC}，并计算 A_C 及 CMRR。

（2）实际操作

按如图 2.6.4 所示操作方式连接实验电路，运放输入端加 f = 100 Hz，U_{iC} = 1 ~ 2 V 正弦信号，监视输出波形。测量 U_{oC} 和 U_{iC}，计算 A_C 及 CMRR，记入表 2.6.1 中。

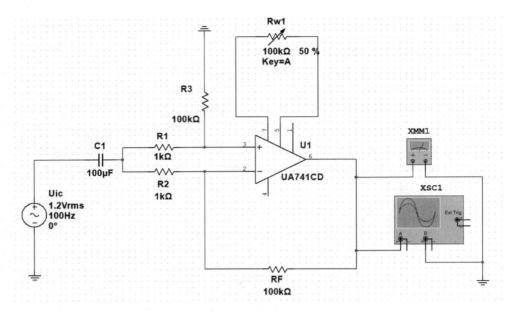

图 2.6.10　CMRR 测试电路仿真图

5. 测量共模输入电压范围 U_{icm} 及输出电压最大动态范围 U_{OPP}

自拟实验步骤及方法，并记录实验数据。

五、实验报告要求

①预习报告：分析集成运算放大电路的动态指标；完整的实验步骤，包含相关实验电路图，记录实验数据的表格。

②实验过程记录：记录实际操作电路的元件参数，记录测量数据，将结果填入相应的表2.6.1。

③结果处理及分析：列表整理测量结果，并把实测值与理论计算值进行比较，分析产生误差的原理。

④根据实验现象回答思考题①。

⑤总结分析在电路测量过程中遇到的问题以及处理方法。

六、思考题

①测量输入失调参数时，为什么运放反相及同相输入端的电阻要精选，以保证严格对称？

②测量输入失调参数时，为什么要将运放调零端开路，而在进行其他测试时，则要求对输出电压进行调零？

模拟信号的线性运算

一、实验目的

①掌握集成运放比例、加法、差动、积分和微分等基本运算电路的功能。
②了解实际设计集成运算电路需要考虑的问题。
③掌握在放大电路中引入负反馈的方法。

二、实验原理

1. 反相比例运算电路

反相比例运算电路如图 2.7.1 所示。对于理想运放,该电路的输出电压与输入电压之间的关系为:

$$U_o = -\frac{R_F}{R_1}U_i \tag{2.7.1}$$

图中,R_2 为平衡电阻,其大小为 $R_2 = R_1 /\!/ R_F$,其作用为减小输入级偏置电流引起的运算误差;R_W 则为调零电阻。

2. 同相比例运算电路

同相比例运算电路如图 2.7.2 所示,其输出电压与输入电压之间的关系为:

$$U_o = \left(1 + \frac{R_F}{R_1}\right)U_i \tag{2.7.2}$$

图中,$R_2 = R_1 /\!/ R_F$ 当 $R_1 \to \infty$ 时,$U_o = U_i$,得到如图 2.7.3 所示的电压跟随器,图中 $R_2 = R_F$,用以减小漂移和起保护作用。R_F 太小起不到保护作用,太大则影响跟随性,一般取 $R_F =$

10 kΩ。

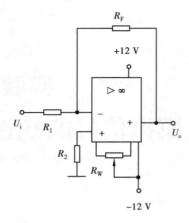

图 2.7.1　反相比例运算电路

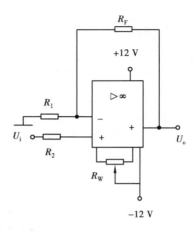

图 2.7.2　同相比例运算电路

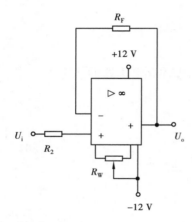

图 2.7.3　电压跟随器

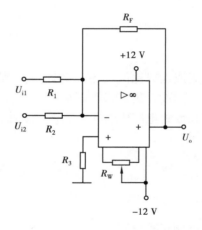

图 2.7.4　反相加法运算电路

3. 反相加法运算电路

反相加法运算电路如图 2.7.4 所示，其输出电压与输入电压之间的关系为：

$$U_\text{o} = -\left(\frac{R_\text{F}}{R_1}U_\text{i1} + \frac{R_\text{F}}{R_2}U_\text{i2}\right) \tag{2.7.3}$$

图中，平衡电阻 $R_3 = R_1 /\!/ R_2 /\!/ R_\text{F}$。

4. 差动放大电路

差动放大电路(减法运算电路)如图 2.7.5 所示，当 $R_1 = R_2$，$R_3 = R_\text{F}$ 时，其输出电压与输入电压之间的关系为：

$$U_\text{o} = \frac{R_\text{F}}{R_1}(U_\text{i1} - U_\text{i2}) \tag{2.7.4}$$

5.积分运算电路

反相积分运算电路如图2.7.6所示,理想条件时,输出电压 u_o 为:

$$u_o(t) = -\frac{1}{R_1 C}\int_0^t u_i dt + u_C(0) \tag{2.7.5}$$

式中　$u_C(0)$——$t=0$ 时刻电容 C 两端的电压值,即初始值。

如果 $u_i(t)$ 是幅值为 E 的阶跃电压,并设 $u_C(0)=0$,则

$$u_o(t) = -\frac{1}{R_1 C}\int_0^t u_i dt = -\frac{Et}{R_1 C} \tag{2.7.6}$$

即输出电压 $u_o(t)$ 随时间增长而线性下降。显然 RC 的数值越大,达到给定的 U_o 值所需的时间就越长。积分输出电压所能达到的最大值受集成运放最大输出范围的限制。

在进行积分运算之前,首先应当对运放调零。为便于调节,将图2.7.6中 S_1 闭合,即通过电阻 R_2 的负反馈作用来帮助实现调零。但在完成调零后,应将 S_1 打开,避免因 R_2 的接入造成积分误差。S_2 的设置一方面为积分电容放电提供了通路,实现积分电容初始电压 $u_C(0)=0$,另一方面,可控制积分起始点,即在加入信号 u_i 后,只要 S_2 一打开,电容就将被恒流充电,电路也就开始进行积分运算。

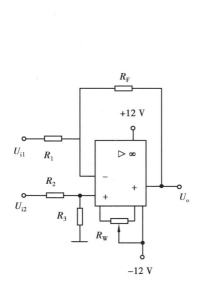

图2.7.5　差动放大电路

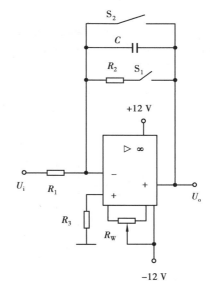

图2.7.6　积分运算电路

三、实验设备

序号	名称	型号与规格	数目	单位
1	双踪示波器	VP-5220D(或 DS1072U)	1	台

续表

序号	名称	型号与规格	数目	单位
2	函数发生器	EE1641B1(或 DG1022U)	1	台
3	交流毫伏表	DF2173B(或 UT632)	1	只
4	数字万用表	DT-9205(或 MY65)	1	只
5	直流稳压电源	±12 V	1	个
6	集成运算放大器	μA741	1	个
7	实验线路板	DAM-Ⅱ(西科大)(或 KHD-2、KHM-2/天煌)	1	块

四、实验内容

1. 检查运放好坏,并进行调零

(1)检查运放好坏

利用如图 2.7.7 所示电压跟随器电路依次检查运算放大器的好坏。在运算放大器的同相输入端接入直流电压信号 $U_i(-5 \sim +5 \text{ V})$。若运算放大器的输出电压 U_o 等于输入电压 U_i,则该运算放大器是正常运行的。

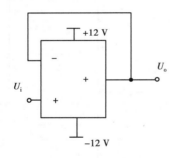
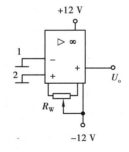

图 2.7.7　电压跟随器电路　　　　　图 2.7.8　运放调零电路

(2)运放调零

此实验采用闭环调零方式。

将运放插在实验箱上,并接好直流电源+12 V,−12 V 和"地",保证运放正常工作。

按如图 2.7.8 所示接线,将两输入端均接地,则输出 U_o 应当为 0,若不为 0 则调节 R_W(一般取 $R_W = 10 \text{ k}\Omega$)直到 U_o 为 0(为防止短路,可在 R_W 与 −12 V 电源之间接入一个 1 kΩ 的小电阻)。检查后即可关上电源进行后面实验电路的接线。

2. 反相比例运算电路

(1)Multisim 仿真

在电路工作窗口画出电路原理图,从电源库中调用交流信号源、直流稳压电源及接地端,

从基本器件库调用电阻、电容、滑动变阻器、开关元件。添加万用表,点击左上角 Place Analog,在 OPAMP 中找到 UA741CD 并添加,画出仿真电路如图 2.7.9 所示。单击 Multisim 软件右上角的仿真电源开关按钮,即可得到仿真结果。输入 $f=100$ Hz,$|U_i|<0.5$ V 的正弦交流信号,记录相应的 U_o,用示波器观察 u_o 和 u_i 的相位关系,并记录相应仿真值。

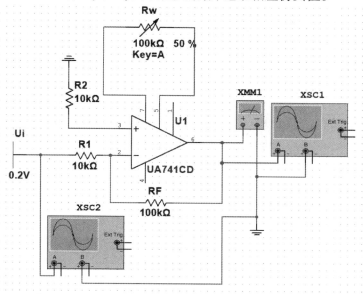

图 2.7.9　反相比例运算电路仿真图

（2）实际操作

按照设计要求,选择合适的元器件,连接如图 2.7.1 所示实验电路(取 $R_1=10$ kΩ,$R_2=10$ kΩ,$R_F=100$ kΩ,$R_W=100$ kΩ),并接通 ±12 V 电源。输入电压 $U_i=0.2$ V,$f=1$ kHz,用示波器测试输出电压,记录数据。改变输入正弦交流信号幅值(有效值一般小于 0.5 V),保证输出波形不失真,测量相应的 U_o,用示波器观察 u_o 和 u_i 的相位及大小关系并拍照记录,计算 A_V 记入表 2.7.1 中。

表 2.7.1　反相比例运算实验数据表

U_i/V	U_o/V	u_i 波形和 u_o 波形的相位关系	放大倍数 A_V	
			实测计算值	理论值

3. 同相比例运算电路

（1）Multisim 仿真

在电路工作窗口画出电路原理图,从电源库中调用交流信号源、直流稳压电源及接地端,从基本器件库调用电阻,滑动变阻器,开关,添加万用表。点击左上角 Place Analog,在 OPAMP

121

中找到 UA741CD 并添加,画出仿真电路如图 2.7.10 所示。单击 Multisim 软件右上角的仿真电源开关按钮,即可得到仿真结果。输入 f=100 Hz,$|U_i|$<0.5 V 的正弦交流信号,记录相应的 U_o,用示波器观察 u_o 和 u_i 的相位关系,并记录相应仿真值。

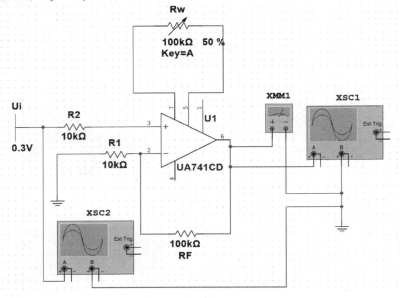

图 2.7.10　同相比例运算电路仿真图

(2)实际操作

按照设计要求,选择合适的元器件,连接图 2.7.2 实验电路(取 R_1=10 kΩ,R_F=100 kΩ),并接通±12 V 电源。输入电压 U_i=0.2 V,f=1 kHz,用示波器测试输出电压,记录数据。改变输入正弦交流信号幅值(有效值一般小于 0.5 V),保证输出波形不失真,测量相应的 U_o,用示波器观察 u_o 和 u_i 的相位及大小关系并拍照记录,计算 A_V 记入表 2.7.2 中。

将图 2.7.2 中 R_1 断开,连接成如图 2.7.3 所示实验电路,重复步骤(2)。

表 2.7.2　同相比例运算实验数据表

R_1/Ω	U_i/V	U_o/V	u_i 波形和 u_o 波形的相位关系	放大倍数 A_V	
				实测计算值	理论值
∞(断开)					

4.反相加法运算电路

(1)Multisim 仿真

在电路工作窗口画出电路原理图,从电源库中调用交流信号源、直流稳压电源及接地端,从基本器件库调用电阻,滑动变阻器,开关,添加万用表。点击左上角 Place Analog,在 OPAMP

中找到 UA741CD 并添加,画出仿真电路如图 2.7.11 所示。单击 Multisim 软件右上角的仿真电源开关按钮,即可得到仿真结果。变化输入直流电压的值(注意选择合适的直流信号幅值以确保集成运放工作在线性区),记录相应的 U_o。

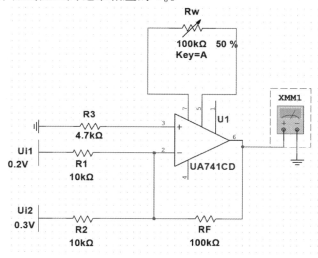

图 2.7.11　反相加法运算电路仿真图

(2)实际操作

按照设计要求,选择合适的元器件,连接图 2.7.4 实验电路(取 $R_1 = 10$ kΩ, $R_2 = 10$ kΩ, $R_F = 100$ kΩ),并接通±12 V 电源。输入电压 $U_{i1} = U_{i2} = 0.2$ V, $f = 1$ kHz,测试输出电压,记录数据。变化输入电压 U_{i1} 和 U_{i2} 的幅值(注意选择合适的信号幅值以确保集成运放工作在线性区),测量相应的 U_o,拍照记录,打印贴入表 2.7.3 中。

表 2.7.3　反相加法运算实验数据表

U_{i1}/V	U_{i2}/V	U_o/V	u_i 波形和 u_o 波形照片 (其中一组数据的波形)

5.减法放大电路

(1)Multisim 仿真

在电路工作窗口画出电路原理图,从电源库中调用交流信号源、直流稳压电源及接地端,从基本器件库调用电阻,滑动变阻器,开关,添加万用表,点击左上角 Place Analog,在 OPAMP 中找到 UA741CD 并添加,画出仿真电路如图 2.7.12 所示。单击 Multisim 软件右上角的仿真电源开关按钮,即可得到仿真结果。变化输入直流电的值(输入电压绝对值之差一般小于 0.5 V,同时注意选择合适的直流信号幅值以确保集成运放工作在线性区),记录相应的 U_o。

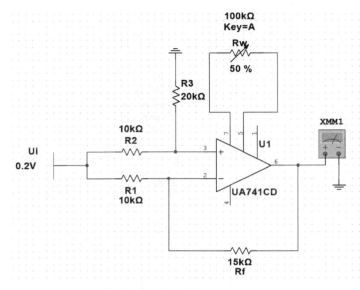

图 2.7.12　差动放大电路仿真图

（2）实际操作

按照设计要求，选择合适的元器件，连接图 2.7.5 实验电路（取 $R_1 = 10$ kΩ，$R_2 = 10$ kΩ，$R_F = 15$ kΩ，$R_3 = 20$ kΩ），并接通±12 V 电源。输入电压 $U_{i1} = U_{i2} = 0.2$ V，$f = 1$ kHz，测试输出电压，记录数据。变化输入电压 U_{i1} 和 U_{i2} 的幅值（一般小于 0.5 V，注意选择合适的信号幅值以确保集成运放工作在线性区），测量相应的 U_o，拍照记录，打印贴入表 2.7.4 中。

表 2.7.4　减法放大电路实验数据表

U_{i1}/V	U_{i2}/V	U_o/V	u_i 波形和 u_o 波形照片（其中一组数据的波形）

6.（选作）积分运算电路

（1）Multisim 仿真

在电路工作窗口画出电路原理图，从电源库中调用交流信号源、直流稳压电源及接地端，从基本器件库调用电阻，电容元件，滑动变阻器，开关，添加万用表，点击左上角 Place Analog，在 OPAMP 中找到 UA741CD 并添加，画出仿真电路如图 2.7.13 所示。单击 Multisim 软件右上角的仿真电源开关按钮，即可得到仿真结果。打开 K_2，闭合 K_1，对运放输出进行调零。调零完成后，再打开 K_1，闭合 K_2，使电容两端初始值为零。利用实验原理部分介绍的方法记录输出电压 U_o，以便和相应的实测值进行比较。

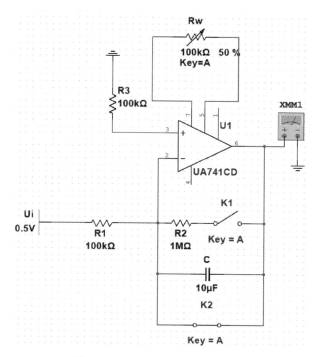

图 2.7.13 积分运算电路仿真图

（2）实际操作

按照设计要求,选择合适的元器件,连接图 2.7.6 实验电路（取 $R_1 = 100$ kΩ, $R_2 = 1$ MΩ, $R_3 = 100$ kΩ, $C = 10$ μF）,并接通 ±12 V 电源。打开 S_2,闭合 S_1,对运放输出进行调零。调零完成后,再打开 S_1,闭合 S_2,使 $u_C(0) = 0$。输入直流电压 $U_i = 0.5$ V,接入实验电路,再打开 S_2,然后用直流电压表测量输出电压 U_o,每隔 5 s 读一次 U_o,记入表 2.7.5 中,直到 U_o 不继续明显增大为止。

表 2.7.5 积分放大电路实验数据表

t/s	0	5	10	15	20	25	30
U_o/V							

五、实验报告要求

①预习报告:分析同相比例、反向比例、加法器和减法器的相关特性;完整的实验步骤,包含相关实验电路图,记录实验数据的表格。

②实验过程记录:记录实际操作电路的元件参数,记录测量数据,将结果填入相应的表 2.7.1—表 2.7.5。

③结果处理及分析:分析测量结果,把实测值与理论计算值进行比较,验证运算电路的正确性,分析产生误差的原因。

④根据实验现象,回答思考题③。

⑤总结分析在电路测量过程中遇到的问题以及处理方法。

六、思考题

①若输入信号与集成运放的同相端相连,当信号正向增大时,运放的输出是正还是负?

②若输入信号与集成运放的反相端相连,当信号正向增大时,运放的输出是正还是负?

③在反相加法运算电路中,如果 U_{i1} 和 U_{i2} 均采用直流信号,并且选定 $U_{i2} = -1\ V$,当考虑到集成运放的最大输出幅度($\pm 12\ V$)时,则 U_{i1} 的取值范围为多大?

实验 **8**
基于运算放大器的波形发生器

一、实验目的

①掌握用集成运放构成电压比较器的方法。
②学会测试电压比较器的电压传输特性。
③学会用集成运放构成方波、三角波发生电路。

二、实验原理

1. 电压比较器

电压比较器是对输入信号进行鉴幅和比较的电路,它是一个天然的模数转换器,它将一个模拟电压信号和一个参考电压信号相比较,当两者幅度相等时,输出电压将突然跳变,输出相应的高电平或低电平。

常见的电压比较器有:过零电压比较器、阈值比较器、滞回比较器等。

（1）反相过零比较器

如图 2.8.1(a)所示的电路,为输出端双限幅的反相过零比较器。DZ 为限幅稳压管。输入信号 u_i 从运放的反相输入端加入, 参考电压为零,从同相端输入。当 $u_i>0$ 时,输出 $u_o=-(U_Z+U_D)$,当 $u_i<0$ 时,$u_o=+(U_Z+U_D)$。其中,U_Z 为稳压二极管的电压。即当反相端有电压输入时,其输出电压将发生跃变,由高电平变为低电平或由低电平变为高电平,其电压传输特性如图 2.8.1(b)所示。

过零比较器结构简单,灵敏度高,但抗干扰能力差。

（2）反相滞回比较器

滞回比较器又称为施密特触发器、迟滞比较器。这种比较器的特点是当输入信号 u_i 逐渐

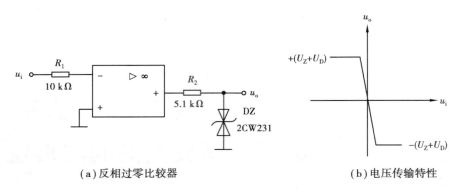

（a）反相过零比较器　　　　　　　　　（b）电压传输特性

图 2.8.1　　反相过零比较器

增大或逐渐减小时,它有两个阈值电压,且不相等,当输入电压的取值在阈值电压附近时,输出电压状态具有"惯性",其传输特性具有"滞回"曲线的形状,因而具有一定的抗干扰能力。根据输入信号接入端的不同,可分为反相滞回比较器和同相滞回比较器,图 2.8.2 所示为具有反相滞回特性的比较器。

过零比较器在实际工作时,如果 u_i 恰好在过零值附近,则由于零点漂移的存在,u_o 将不断地由一个极限值转换到另一个极限值,这在控制系统中,对执行机构将是很不利的。为此,需要输出特性具有滞回现象。如图 2.8.2 所示,电路中使用正反馈和 u_o 相连,而 u_o 有两个值,所以对应的 $U+$ 就有两个值。因为电路有正反馈,所以输出饱和。若 u_o 改变状态,运放的同相输入端也随着改变电位,使过零点离开原来位置。当 u_o 为正向饱和（记作 $+U_{om}$）时,$U_+ = \dfrac{R_2}{R_2+R_f}U_{om}=U_H$,则当 $u_i>U_+$ 后,u_o 即由正向饱和变为负向饱和（记作 $-U_{om}$）,此时 $U_+ = -\dfrac{R_2}{R_2+R_f}U_{om}=U_L$。故只有当 u_i 下降到 U_L 以下,才能使 u_o 再度回升到正向饱和,于是出现图 2.8.2(b)中所示的滞回特性。U_H 与 U_L 之差称为回差。改变 R_2 的数值可以改变回差的大小。

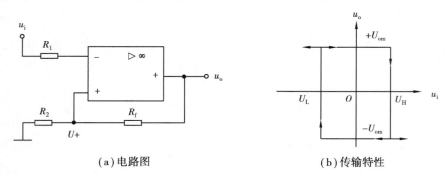

（a）电路图　　　　　　　　　　　（b）传输特性

图 2.8.2　　反相滞回比较器

2. 方波和三角波发生电路

在本实验中,方波、三角波发生器采用同相滞回比较器和反相积分器首尾相接而成。具体电路如图 2.8.3 所示,运算放大器 A_1 所组成的电路构成同相滞回比较器,输出的方波经反相积分器 A_2 积分可得到三角波,三角波又通过比较器自动翻转形成方波,这样即可构成三角波、方波发生器。由于电容 C 的密勒效应,在 A_2 输出端可以得到线性度较好的三角波。

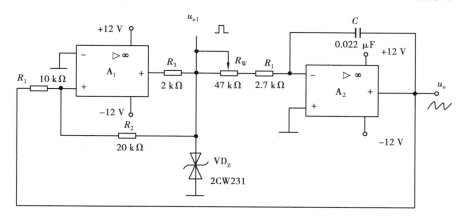

图 2.8.3　方波、三角波发生电路

（1）方波发生器原理

电路的工作稳定后,当 u_{o1} 为 $-U_z$ 时,应用叠加原理求出 A_1 同相输入端的电位,即

$$u_{1+} = \frac{R_2}{R_1 + R_2}(-U_z) + \frac{R_1}{R_1 + R_2}u_o \tag{2.8.1}$$

式中,第一项是 A_1 的输出电压 u_{o1} 单独作用时的 A_1 同相输入端的电位,第二项是 A_2 的输出电压 u_o 单独作用时的 A_1 同相输入端的电位。比较器 A_1 的参考电压是从反相端加入的,$U_R = u_{1-} = 0$。那么,当 $u_{1+} = u_{1-} = 0$ 时,比较器 A_1 的输出 u_{o1} 从 $-U_z$ 变为 $+U_z$,从式（2.8.1）可得:

$$u_o = \frac{R_2}{R_1}U_z \tag{2.8.2}$$

即当 u_o 上升到 $\frac{R_2}{R_1}U_z$ 时,u_{o1} 才能从 $-U_z$ 变为 $+U_z$。

同理,当 u_{o1} 为 $+U_z$ 时,A_1 同相输入端的电位为:

$$u_{1+} = \frac{R_2}{R_1 + R_2}U_z + \frac{R_1}{R_1 + R_2}u_o \tag{2.8.3}$$

当 $u_{1+} = u_{1-} = 0$ 时,比较器 A_1 的输出 u_{o1} 从 $+U_z$ 变为 $-U_z$,由式（2.8.3）可得:

$$u_o = -\frac{R_2}{R_1}U_z \tag{2.8.4}$$

即当 u_o 下降到 $-\frac{R_2}{R_1}U_z$ 时,u_{o1} 才能从 $+U_z$ 变为 $-U_z$。

（2）三角波发生器原理

运算放大器 A_2 和电位器 R_w、电阻 R_f、电容 C 组成反相积分运算电路,其输入信号为 A_1 输出的方波 u_{o1},其输出为:

$$u_o = -\frac{1}{(R_w + R_f)C}\int_0^t u_{o1}\mathrm{d}t \tag{2.8.5}$$

当 $u_{o1} = +U_z$ 时,

$$u_{\mathrm{o}} = \frac{-U_{\mathrm{z}}}{(R_{\mathrm{w}}+R_{\mathrm{f}})C}t \tag{2.8.6}$$

当 $u_{\mathrm{o1}} = -U_{\mathrm{z}}$ 时,

$$u_{\mathrm{o}} = \frac{U_{\mathrm{z}}}{(R_{\mathrm{w}}+R_{\mathrm{f}})C}t \tag{2.8.7}$$

可见,当积分器的输入为方波时,输出是一个上升速率和下降速率相等的三角波。所产生的方波、三角波如图 2.8.4 所示。

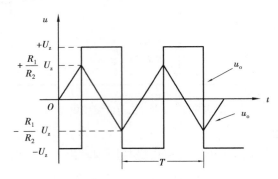

图 2.8.4　方波、三角波波形

（3）相关参数

方波、三角波频率:

$$f = \frac{R_2}{4R_1(R_{\mathrm{w}}+R_{\mathrm{f}})C} \tag{2.8.8}$$

方波幅值:

$$U_{\mathrm{o1m}} = \pm U_{\mathrm{z}} \tag{2.8.9}$$

三角波幅值:

$$U_{\mathrm{om}} = \frac{R_1}{R_2}U_{\mathrm{z}} \tag{2.8.10}$$

调节 R_{w} 可以改变信号频率,改变 R_1/R_2 可以调节三角波的幅值。在实验中,可以将 R_2 换成电位器。

3. 正弦波发生器

如图 2.8.5 所示正弦波发生电路主要由两部分组成。

（1）正反馈环节

由 RC 串、并联电路构成,同时起相位起振作用和选频作用。

（2）负反馈和稳幅环节

由 R_1、R_2、R_{w} 及二极管等元件构成,其中 R_1、R_2、R_{w} 主要作用是引入负反馈。调节电位器 R_{w},可以改变负反馈深度,以满足振荡的振幅条件和改善波形。稳幅环节是利用两个反向并联二极管 VD_1、VD_2 正向电阻的非线性特性来实现的,二极管要求采用温度稳定性好且特性匹配的硅管,以保证输出正、负半周波形对称。R_3 的作用是削弱二极管非线性的影响,以改善波形失真。

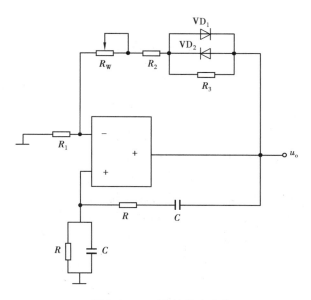

图 2.8.5　正弦波发生电路

电路的谐振频率:

$$f_o = \frac{1}{2\pi RC}$$

起振的振幅条件: $\dfrac{R_F}{R_1} \geqslant 2$ (其中 $R_F = R_W + R_2 + (R_3 /\!/ r_D)$, r_D 为二极管正向导通电阻)

调节反馈电阻 R_W,使电路起振,且波形失真最小。如果不能起振,说明负反馈太强,应适当调大 R_W;如果波形失真严重,应适当调小 R_W。

改变选频网络的参数 C 或 R,即可以调节振荡频率,一般采用改变电容 C 做频率量程切换,而调节 R 做量程内的频率细调。

三、实验设备

序号	名称	型号	数目	单位
1	集成运算放大电路实验板	μA741	2	片
2	双踪示波器	VP-5220D	1	台
3	函数发生器	EE1641B1、SP1641B、DF1641B1	1	台
4	模拟电子技术实验台	KHM-2/天煌	1	套
5	数字万用表	DT-9205	1	只
6	稳压管	2CW231	2	只
7	器件与导线		若干	根

四、实验内容

1. Multisim 仿真

(1)基于 Multisim12 的反相过零比较器仿真设计

在电路工作窗口画出电路原理图,从电源库中调用交流信号源、直流稳压电源及接地端,从基本器件库调用电阻。点击 Place Diode,在 ZENER 中选择 1N4735A 二极管;点击左上角 Place Analog,在 OPAMP 中找到 UA741CD 并添加;点击 Oscilloscope,添加双踪示波器,画出仿真电路如图 2.8.6 所示。选择相应的元器件参数并赋值。输入端 u_i 加入幅值 2 V、频率为 500 Hz 的正弦信号,用双踪示波器观察输入输出波形并记录,改变 u_i 幅值,测量传输特性曲线。

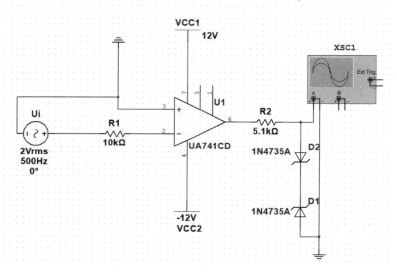

图 2.8.6　反相过零比较器仿真电路图

(2)基于 Multisim12 的方波和三角波发生器仿真设计

在电路工作窗口画出电路原理图,从电源库中调用交流信号源、直流稳压电源及接地端,从基本器件库调用电阻,电容器元件,滑动变阻器。点击 Place Diode,在 ZENER 中选择 1N4735A 二极管;点击左上角 Place Analog,在 OPAMP 中找到 UA741CD 并添加;点击 Oscilloscope,添加双踪示波器,画出仿真电路如图 2.8.7 所示。给元器件标识、赋值。将电位器 R_W 调至合适位置,用双踪示波器观察三角波输出 u_o 及方波输出 u_{o1},记录其幅值、频率及 R_W 值。改变 R_W 的值,观察对 u_o、u_{o1} 幅值及频率的影响,并进行记录。改变 R_1(或 R_2)值,记录对 u_o、u_{o1} 幅值及频率的影响。

(3)基于 Multisim12 的正弦波发生器仿真设计

在电路工作窗口画出电路原理图,从电源库中调用交流信号源、直流稳压电源及接地端,从基本器件库调用电阻,电容器元件,滑动变阻器。点击 Place Diode,在 DOIDE 中选择 1N4149 二极管;点击左上角 Place Analog,在 OPAMP 中找到 UA741CD 并添加;点击 Oscilloscope,添加双踪示波器,画出仿真电路如图 2.8.8 所示。给元器件标识、赋值。观察波形。

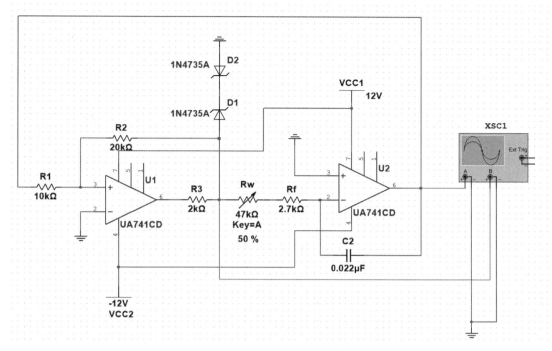

图 2.8.7 方波和三角波发生器仿真电路

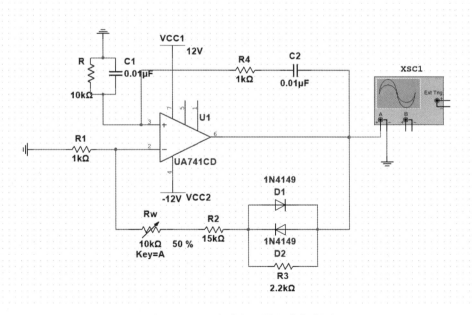

图 2.8.8 正弦波发生器电路仿真图

2. 实际操作

（1）调节稳压电源输出为±12 V

由于实验中采用 μA741 运算放大器,需要±12 V 电源。先将模电实验装置上的可调稳压电源按图 2.8.9 接线,并用万用表调好±12 V,然后将±12 V 及地线 GND 接到实验板对应的"±12 V、⊥"处。在实验过程中不要拆除电源线,并在检查实验线路无误后再通电实验。

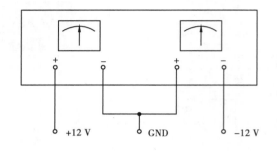

图 2.8.9　电源接线图　　　　　　　　　图 2.8.10　电压跟随器

（2）判定运算放大器的好坏

利用如图 2.8.10 所示电压跟随电路依次检查运算放大器的好坏。在运算放大器的同相输入端接入直流电压信号 U_i（-5 V ~ $+5$ V）。若运算放大器的输出电压 U_o 等于输入电压 U_i,则该运算放大器是正常的。

（3）反相过零比较器

按如图 2.8.1 所示操作方式接好实验电路。

①将实验板接通±12 V 电源。

②用万用表测量当输入端 u_i 悬空时的输出值 u_o。

③输入端 u_i 加入幅值 2 V、频率为 500 Hz 的正弦信号,用双踪示波器观察输入输出波形并记录。

④改变 u_i 幅值,测量传输特性曲线。

（4）反相滞回比较器

按如图 2.8.2 所示操作方式接好实验电路。

①检查接线无误后,将实验板接通±12 V 电源。

②信号输入端 u_i 接模电实验装置上"+5 ~ -5 V 可调直流信号源",将输入电压 u_i 旋至最小（-5 V）,此时比较器输出端为正电压,逐渐增大输入电压,同时用万用表观察并测量输出电压 u_o,当输出 u_o 由正电压$+U_{omax}$ 翻转为负电压$-U_{omax}$ 时,用万用表测出此时的输入电压即为 U_L。将此值与理论值比较。

③同上,将信号输入端 u_i 接模电实验装置上"+5 ~ -5 V 可调直流信号源",将输入电压 u_i 旋至最大（$+5$ V）,此时比较器输出端为负电压,逐渐减小输入电压,同时用万用表观察并测量输出电压 u_o,当输出 u_o 由负电压$-U_{omax}$ 翻转为正电压$+U_{omax}$ 时,用万用表测出此时的输入电压即为 U_H。将此值与理论值比较。

④将输入 u_i 改为 1 kHz,峰值为 2 V 的正弦信号,用双踪示波器观察输入输出波形并

记录。

（5）方波和三角波发生器

①按照设计要求，参考图 2.8.3 的电路，选择合适的元器件，连接实验电路。

②将电位器 R_W 调至合适位置，用双踪示波器观察并描绘三角波输出 u_o 及方波输出 u_{o1}，测其幅值、频率及 R_W 值，记录之。

③改变 R_W 的位置，观察对 u_o、u_{o1} 幅值及频率的影响。

④改变 R_1（或 R_2），观察对 u_o、u_{o1} 幅值及频率的影响。

注意：由于比较器 A1 和积分器 A2 组成正反馈闭环电路，同时输出方波和三角波。调试时，可将比较器和积分器分别调试，然后统调；也可直接统调。需要注意的是，在连接电位器 R_W 之前需要将其调整到设计值，否则电路可能会不起振。

（6）正弦波发生器的设计

①在 Multisim 中，按照设计要求，参考图 2.8.5 的电路，选择合适的元器件，连接实验电路。$R_W = 10$ kΩ，$R_1 = 10$ kΩ，$R_2 = 15$ kΩ，$R_3 = 2.2$ kΩ，$R = 10$ kΩ，$C = 0.01$ μF，二极管 VD_1 和 VD_2 型号都为 1N4148。

②完成电路的仿真。

③搭建实际的波形发生电路，并和仿真结果进行比较。

（7）试设计一个矩形波和锯齿波发生器

提示：通过改变三角波和方波发生器中，积分器的充、放电时间常数，即可实现。

请画出实验原理图，并仿真确定有关参数，指标自拟。

五、实验报告要求

①预习报告：画出方波和三角波发生电路的原理图，分析如何确定元器件参数；写出完整的实验步骤，包含相关实验电路图，记录实验数据的表格。

②实验过程记录：记录实际操作电路的测量数据，列表整理测量结果，在实验数据记录表格中填写实际接线操作时观测得到的数据。

③结果处理及分析：列表整理测量结果，根据测试结果，画出过零比较器和滞回电压比较器的电压传输特性图。分析方波和三角波的实验测量数据，把实际测量值和理论值进行比较，分析产生误差的原理。

④回答思考题①。

⑤总结分析在电路调试过程中遇到的问题以及处理方法。

六、思考题

①在过零电压比较器和滞回电压比较器中，集成运放工作在什么状态？

②在方波和三角波发生电路中，如何调整输出波形的频率及幅值？

③在方波和三角波发生电路中，两个运放电路各起什么作用？分别工作在什么状态？

实验 **9**

串联型直流稳压电源研究

一、实验目的

①研究单相桥式整流、电容滤波电路的特性。
②掌握串联型晶体管稳压电源主要技术指标的测试方法。

二、实验原理

电子设备一般都采用直流电源供电,这些直流电除了少数直接利用干电池和直流发电机外,大多数为将交流电(市电)转变为直流电的直流稳压电源。

直流稳压电源由电源变压器、整流、滤波和稳压电路 4 部分组成,其原理框图如图 2.9.1 所示。电网供给的交流电压 u_1(220 V,50 Hz)经电源变压器降压后,得到符合电路需要的交流电压 u_2,然后由整流电路变换成方向不变、大小随时间变化的脉动电压 u_3,再用滤波器滤去其交流分量,即可得到比较平直的直流电压 u_1。但这样的直流输出电压,还会随交流电网电压的波动或负载的变动而变化,在对直流供电要求较高的场合,需要使用稳压电路,以保证输出直流电压更加稳定。

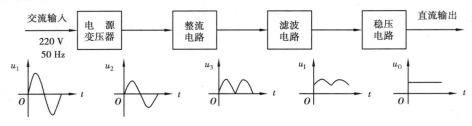

图 2.9.1 直流稳压电源框图

　　图2.9.2是由分立元件组成的串联型稳压电源的电路图,其整流部分为单相桥式整流、电容滤波电路。稳压部分为串联型稳压电路,它由调整元件(晶体管 VT_1),比较放大器 VT_2 及电阻 R_7,取样电路 R_1、R_2、R_W,基准电压电路 VD_W、R_3 和过流保护电路 VT_3 管及电阻 R_4、R_5、R_6 等组成。整个稳压电路是一个具有电压串联负反馈的闭环系统,当电网电压波动或负载变动引起输出直流电压发生变化时,取样电路取出输出电压的一部分送入比较放大器,并与基准电压进行比较,产生的误差信号经 VT_2 放大后送至调整管 VT_1 的基极,使调整管改变其管压降,以补偿输出电压的变化,从而达到稳定输出电压的目的。

　　由于稳压电路中调整管与负载串联,因此流过它的电流与负载电流一样大。当输出电流过大或发生短路时,调整管会因电流过大或电压过高而损坏,所以需要对调整管加以保护。在如图2.9.2所示电路中,晶体管 VT_3、R_4、R_5、R_6 组成减流型保护电路,此电路设计在 $I_{0P}=1.2I_0$ 时开始起保护作用,此时输出电流减小,输出电压降低。故障排除后电路应能自动恢复正常工作。在调试时,若保护作用提前,应减少 R_6 值;若保护作用滞后,则应增大 R_6 值。

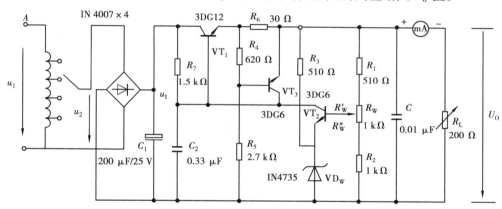

图2.9.2　串联型稳压电源实验电路

稳压电源的主要性能指标:

1. 输出电压 U_0 和输出电压调节范围

$$U_0 = \frac{R_1+R_W+R_2}{R_2+R_W''}(U_Z+U_{BE2})　\qquad (2.9.1)$$

调节 R_W 可以改变输出电压 U_0。

2. 最大负载电流 I_{0m}

最大负载电流是调整管 VT_1 能够安全流过的电流上限。

3. 输出电阻 R_0

输出电阻 R_0 是指当输入电压 U_1(指稳压电路输入电压)保持不变,由于负载变化而引起的输出电压变化量与输出电流变化量之比,即

$$R_0 = \frac{\Delta U_0}{\Delta I_0}\bigg|U_1 = 常数　\qquad (2.9.2)$$

4. 稳压系数 S（电压调整率）

稳压系数定义为当负载保持不变时，输出电压相对变化量与输入电压相对变化量之比，即

$$S = \frac{\Delta U_0 / U_0}{\Delta U_I / U_I} \bigg|_{R_L = 常数} \qquad (2.9.3)$$

由于工程上常把电网电压波动±10%作为极限条件，因此也有将此时输出电压的相对变化 $\Delta U_0 / U_0$ 作为衡量指标，称为电压调整率。

5. 纹波电压

输出纹波电压是指在额定负载条件下，输出电压中所含交流分量的有效值（或峰值）。

三、实验设备

序号	名称	型号与规格	数目	单位
1	双踪示波器	VP-5220D（或 DS1072U）	1	台
2	函数发生器	EE1641B1（或 DG1022U）	1	台
3	毫伏表	DF2173B（或 UT632）	1	台
4	数字万用表	DT-9205（或 MY65）	1	只
5	模电实验箱（平台）	DAM-Ⅱ（西科大）（或 KHM-2/天煌）	1	套
6	可调工频电源	自带或自制	1	台
7	滑线变阻器	200 Ω/1 A	1	个
8	晶体三极管	3DG6（9011）、3DG12（9013）	各1	只
9	晶体二极管	IN4007	4	只
10	稳压管	IN4735	1	只
11	电阻器、电容器	—	若干	个
12	导线	专用	40	根

四、实验内容

1. 整流滤波电路

（1）Multisim 仿真

在电路工作窗口画出电路原理图，从电源库中调用交流信号源、直流稳压电源及接地端，

从基本器件库调用电阻、电容器元件。点击 Place Basic,在 TRANSFORMER 中找到 1P1S 的变压器;点击左上角 Place Analog,找到 1B4B42 整流桥;在 OPAMP 中找到 UA741CD 并添加,画出仿真电路如图 2.9.3 所示。选择相应的元器件参数并赋值。取可调工频放电电压为 $U_2 = 16$ V,作为整流电路输入电压 u_2。分别在 $R_L = 240$ Ω,不加滤波电容;$R_L = 240$ Ω,$C_1 = 470$ μF;$R_L = 120$ Ω,$C_1 = 470$ μF 3 种情况下,用示波器观察 u_2 和 u_L 波形,并记录直流输出电压 U_L 及纹波电压 $\widetilde{U}_L$ 的值。

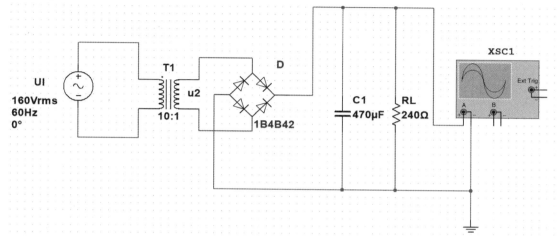

图 2.9.3　整流滤波电路仿真图

(2)实际操作

按图 2.9.4 连接实验电路。取可调工频放电电压为 $U_2 = 16$ V,作为整流电路输入电压 u_2。

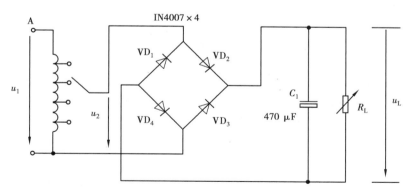

图 2.9.4　整流滤波电路

①取 $R_L = 240$ Ω,不加滤波电容,测量直流输出电压 U_L 及纹波电压 $\widetilde{U}_L$,并用示波器观察 u_2 和 u_L 波形,记入表 2.9.1。

②取 $R_L = 240$ Ω,$C = 470$ μF,重复步骤①的要求,记入表 2.9.1。

③取 $R_L = 120$ Ω,$C = 470$ μF,重复步骤①的要求,记入表 2.9.1。

表 2.9.1　整流滤波电路测试数据$(U_2 = 16\ \text{V})$

电路形式		U_L/V	$\widetilde{U}_L/\text{V}$	u_L 波形
$R_L = 240\ \Omega$				
$R_L = 240\ \Omega$ $C = 470\ \mu\text{F}$				
$R_L = 120\ \Omega$ $C = 470\ \mu\text{F}$				

注意:①每次改接电路时,必须切断工频电源。

②在观察输出电压 u_L 波形的过程中,"Y 轴灵敏度"旋钮位置调好以后,不要再变动,否则将无法比较各波形的脉动情况。

2. 串联型稳压电源电路

（1）Multisim 仿真

在电路工作窗口画出电路原理图,从电源库中调用交流信号源、接地端,从基本器件库中调用电阻、电容元件,滑动变阻器。点击 Place Diode,在 ZENER 中选择 1N4735A 二极管;点击 Place Basic,在 TRANSFORMER 中找到 1P1S 的变压器;点击左上角 Place Analog,找到 1B4B42 整流桥;点击左上角 Place Transistor,在 BJT_NPN 中找到 2N2218 与 BC337 三极管并添加,画出仿真电路如图 2.9.5 所示。选择相应的元器件参数并赋值。测量输出电压可调范围、各级静态工作点电压,计算稳压系数 S、输出电阻 R_0。

（2）实际操作

切断工频电源,在图 2.9.4 的基础上按图 2.9.5 连接实验电路。

①初测:稳压器输出端负载开路,断开保护电路,接通 16 V 工频电源,测量整流电路输入电压 U_2,滤波电路输出电压 U_I（稳压器输入电压）及输出电压 U_0。调节电位器 R_W,观察 U_0 的大小和变化情况,如果 U_0 能跟随 R_W 线性变化,这说明稳压电路各反馈环路工作基本正常。否则说明稳压电路有故障,因为稳压器是一个深负反馈的闭环系统,只要环路中任一个环节出现故障（某管截止或饱和）,稳压器就会失去自动调节作用。此时可分别检查基准电压 U_Z,输入电压 U_I,输出电压 U_0,以及比较放大器和调整管各电极的电位（主要是 U_{BE} 和 U_{CE}）,分析它们的工作状态是否都处在线性区,从而找出不能正常工作的原因。排除故障以后就可以进行下一步测试。

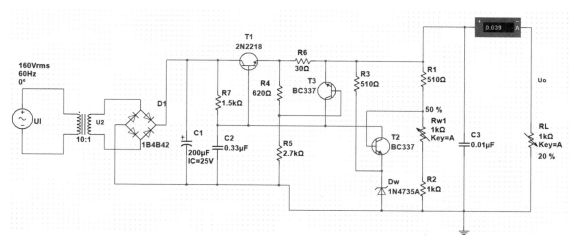

图 2.9.5　串联型稳压电源电路仿真图

②测量输出电压可调范围:接入负载 R_L(滑线变阻器),并调节 R_L,使输出电流 $I_0 \approx 100$ mA。再调节电位器 R_W,测量输出电压可调范围 $U_{0min} \sim U_{0max}$。且使 R_W 动点在中间位置附近时 $U_0 = 12$ V。若不满足要求,可适当调整 R_1、R_2 之值。

③测量各级静态工作点电压:在 $U_2 = 16$ V 时,调节输出电压 $U_0 = 12$ V,输出电流 $I_0 = 100$ mA,测量各级静态工作点,记入表 2.9.2 中。

表 2.9.2　各级静态工作点电压测试数据

各管电压	T_1	T_2	T_3
U_B/V			
U_C/V			
U_E/V			

④测量计算稳压系数 S:取 $I_0 = 100$ mA,按表 2.9.3 改变整流电路输入电压 U_2(模拟电网电压波动),分别测出相应的稳压器输入电压 U_I 及输出直流电压 U_0,记入表 2.9.3 中。

表 2.9.3　计算稳压系数 S 数据测试($I_0 = 100$ mA)

测试值			计算值
U_2/V	U_I/V	U_0/V	S
14			$S_{12} =$
16		12	
18			$S_{23} =$

⑤测量计算输出电阻 R_0:取 $U_2 = 16$ V,改变滑线变阻器位置,使 I_0 为空载、50 mA 和 100 mA,测量相应的 U_0 值,记入表 2.9.4。

表 2.9.4 计算输出电阻 R_0 数据测试($U_2 = 16$ V)

测试值		计算值
I_0/mA	U_0/V	R_0/Ω
空载		$R_{012} =$
50	12	
100		$R_{023} =$

⑥测量输出纹波电压:取 $U_2 = 16$ V,$U_0 = 12$ V,$I_0 = 100$ mA,测量输出纹波电压 U_0,并记录。

⑦调整过流保护电路。

a.断开工频电源连接保护回路,再接通工频电源,调节 R_W 及 R_L 使 $U_0 = 12$ V,$I_0 = 100$ mA,此时保护电路应不起作用。测出 T_3 管各极电位值。

b.逐渐减小 R_L,使 I_0 增加到 120 mA,观察 U_0 是否下降,并测出保护起作用时 T_3 管各极的电位值。若保护作用过早或滞后,可改变 R_6 之值进行调整。

c.用导线瞬时短接一下输出端,测量 U_0 值,然后去掉导线,检查电路是否能自动恢复正常工作。

五、实验报告要求

①预习报告:分析桥式整流电路和电容滤波电路的特性;写出完整的实验步骤,包含相关实验电路图,记录实验数据的表格。

②实验过程记录:记录实际操作电路的测量数据,将结果填入相应的表 2.9.2—表 2.9.4。

③结果处理及分析:列表整理测量结果,计算稳压电路的稳压系数 S 和输出电阻 R_0,并把实测值与理论计算值进行比较,分析产生误差的原因;总结桥式整流电路和电容滤波电路的特点。

④回答思考题②。

⑤总结分析在电路调试过程中遇到的问题以及处理方法。

六、思考题

①在桥式整流电路实验中,能否用双踪示波器同时观察 u_2 和 u_L 波形,为什么?

②在桥式整流电路中,如果某个二极管发生开路、短路或反接三种情况,将会出现什么问题?

③怎样提高稳压电源的性能指标(减小 S 和 R_0)?

实验 **10**

集成稳压器的应用

一、实验目的

①研究集成稳压器的特点和性能指标的测试方法。
②了解集成稳压器扩展性能的方法。

二、实验原理

1. 三端式集成稳压器

W7800、W7900 系列三端式集成稳压器的输出电压是固定的,在使用中不能进行调整。W7800 系列三端式稳压器输出正极性电压,一般有 5 V、6 V、9 V、12 V、15 V、18 V、24 V 7 个挡次,输出电流最大可达 1.5 A(加散热片)。同类型 78M 系列稳压器的输出电流为 0.5 A,78 L 系列稳压器的输出电流为 0.1 A。若要求负极性输出电压,则可选用 W7900 系列稳压器。

如图 2.10.1 所示为 W7800 系列的外形和接线图。

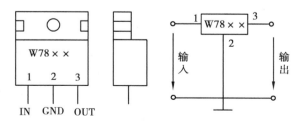

图 2.10.1　W7800 系列外形及接线图

它有 3 个引出端:输入端(不稳定电压输入端),标以"1";输出端(稳定电压输出端),标以

"3";公共端,标以"2"。

除固定输出三端稳压器外,尚有可调式三端稳压器,后者可通过外接元件对输出电压进行调整,以适应不同的需要。

本实验所用集成稳压器为三端固定正稳压器 W7812,其主要参数包括:输出直流电压 U_O = +12 V,输出电流 L:0.1 A,M:0.5 A,电压调整率 10 mV/V,输出电阻 R_0 = 0.15 Ω,输入电压 U_I 的范围为 15 ~ 17 V。因为一般 U_I 要比 U_O 大 3 ~ 5 V,才能保证集成稳压器工作在线性区。

2. 单电源电压输出串联型稳压电源电路

如图 2.10.2 所示为用三端式稳压器 W7812 构成的单电源电压输出串联型稳压电源的实验电路图。其中整流部分采用了由 4 个二极管组成的桥式整流器成品(又称桥堆),型号为 2W06(或 KBP306),桥堆管脚如图 2.10.3 所示。滤波电容 C_1、C_2 一般选取几百至几千微法。当稳压器距离整流滤波电路比较远时,在输入端必须接入电容器 C_3(数值为 0.33 μF),以抵消线路的电感效应,防止产生自激振荡。输出端电容 C_4(0.1 μF)用以滤除输出端的高频信号,改善电路的暂态响应。

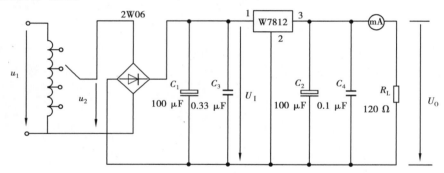

图 2.10.2　由 W7812 构成的串联型稳压电源

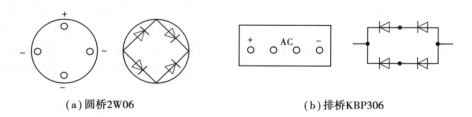

(a)圆桥2W06　　　　　　　　　　(b)排桥KBP306

图 2.10.3　桥堆管脚图

如图 2.10.4 所示为正、负双电压输出电路,例如需要 U_{O1} = +15 V,U_{O2} = −15 V,则可选用 W7815 和 W7915 三端稳压器,这时的 U_I 应为单电压输出时的两倍。

当集成稳压器本身的输出电压或输出电流不能满足要求时,可通过外接电路来进行性能扩展。如图 2.10.5 所示为一种简单的输出电压扩展电路,如 W7812 稳压器的 3、2 端间输出电压为 12 V,因此只要适当选择 R 的值,使稳压管 VD_W 工作在稳压区,则输出电压 U_O = 12 + U_z,可以高于稳压器本身的输出电压。

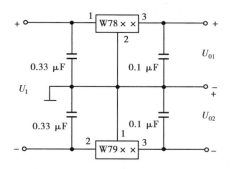

图 2.10.4　正、负双电压输出电路

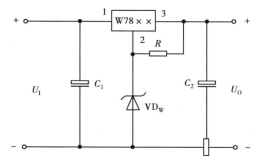

图 2.10.5　输出电压扩展电路

如图 2.10.6 所示为通过外接晶体管 VT 及电阻 R_1 来进行电流扩展的电路。电阻 R_1 的阻值由外接晶体管的发射结导通电压 U_{BE}、三端式稳压器的输入电流 I_i（近似等于三端稳压器的输出电流 I_{01}）和 T 的基极电流 I_B 来决定，即

$$R_1 = \frac{U_{BE}}{I_R} = \frac{U_{BE}}{I_i - I_B} = \frac{U_{BE}}{I_{01} - \dfrac{I_C}{\beta}} \tag{2.10.1}$$

式中　I_C——晶体管 T 的集电极电流，它应等于 $I_C = I_0 - I_{01}$；

　　　β——T 的电流放大系数；

锗管 U_{BE} 可按 0.3 V 估算，硅管 U_{BE} 按 0.7 V 估算。

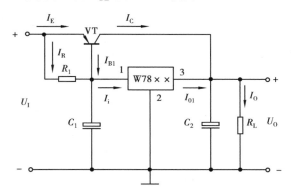

图 2.10.6　输出电流扩展电路

如图 2.10.7 所示为 W7900 系列（输出负电压）外形及接线图。

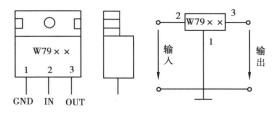

图 2.10.7　W7900 系列外形及接线图

如图 2.10.8 所示为可调输出正三端稳压器 W317 外形及接线图。

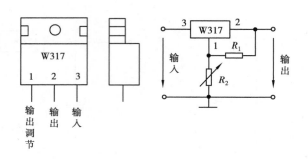

图 2.10.8 W317 外形及接线图

输出电压计算公式：

$$U_0 \approx 1.25\left(1+\frac{R_2}{R_1}\right) \tag{2.10.2}$$

最大输入电压：

$$U_{Im} = 40\ V \tag{2.10.3}$$

输出电压范围：

$$U_0 = 1.2 \sim 37\ V \tag{2.10.4}$$

三、实验设备

序号	名称	型号与规格	数目	单位
1	双踪示波器	VP-5220D（或 DS1072U）	1	台
2	函数发生器	EE1641B1（或 DG1022U）	1	台
3	毫伏表	DF2173B（或 UT632）	1	只
4	数字万用表	DT-9205（或 MY65）	1	只
5	模电实验箱（平台）	DAM-Ⅱ（西科大）（或 KHM-2/天煌）	1	套
6	可调工频电源	自带或自制	1	台
7	集成稳压器实验电源板	自制	1	片
8	电阻器、电容器	—	若干	个
9	导线	专用	40	根

四、实验内容

1. 整流滤波电路测试

（1）Multisim 仿真

在电路工作窗口画出电路原理图,采用 Multisim 来进行整流滤波电路设计,首先在电路工作窗口画出电路原理图,从元件库中选择一个合适的信号源,如交流电压源。将其放置到电路设计区域,并连接到整流滤波电路的输入端,从基本器件库调用电阻电容器元件,在 Multisim 的元件库中选择合适的测量仪器,如示波器和虚拟万用表等。将测量仪器放置到电路设计区域,并连接到需要测量的电路节点。画出仿真电路如图 2.10.9 所示。单击 Multisim 软件右上角的仿真电源开关按钮,即可得到仿真结果。

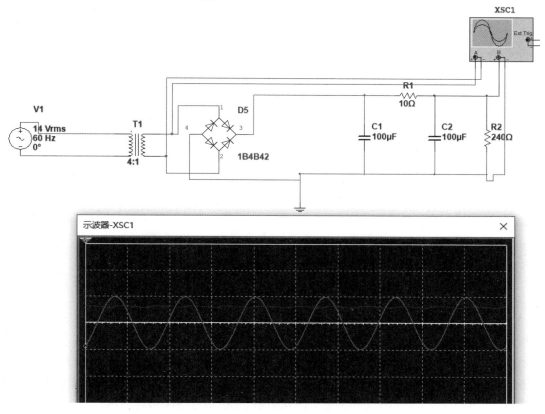

图 2.10.9　整流滤波电路 Multisim 仿真图

(2)实际操作

按如图 2.10.10 所示连接实验电路,取可调工频电源 14 V 电压作为整流电路输入电压 u_2。接通工频电源,测量输出端直流电压 u_L 及纹波电压 $\tilde{u}_L$,用示波器观察 u_2,u_L 的波形,把数据及波形记入自拟表格中。

2.集成稳压器性能测试

(1)Multisim 仿真

在电路工作窗口画出电路原理图,使用 Multisim 的元件库,从库中选择所需的元件,如稳压器芯片、电容器和负载电阻等。将这些元件拖放到电路设计区域,并连接它们以构建集成稳压器电路。从元件库中选择一个合适的信号源,如直流电压源。将其放置到电路设计区域,并连接到集成稳压器电路的输入端。实验仿真如图 2.10.11 所示。根据仿真结果,观察集成稳压器电路的输入和输出波形,以及稳压器的稳定性和调节性能。记录测量结果,如输出电压的稳定性、负载调整率等。

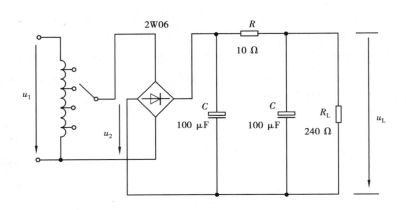

图 2.10.10　整流滤波电路

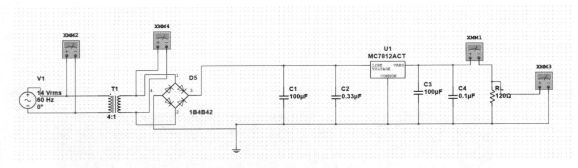

图 2.10.11　集成稳压器 Multisim 仿真

（2）实际操作

断开工频电源，按图 2.10.2 改接实验电路，取负载电阻 $R_L = 120\ \Omega$。

初测：接通工频 14 V 电源，测量 U_2 值；测量滤波电路输出电压 U_1（稳压器输入电压），集成稳压器输出电压 U_0，它们的数值应与理论值大致符合，否则说明电路出了故障。设法查找故障并加以排除。电路经初测进入正常工作状态后，才能进行各项指标的测试。

各项性能指标测试：

①输出电压 U_0 和最大输出电流 I_{Omax} 的测量。

在输出端接负载电阻 $R_L = 120\ \Omega$，由于 W7812 输出电压 $U_0 = 12$ V，因此流过 R_L 的电流 $I_{Omax} = \dfrac{12}{120} = 100$ mA。这时 U_0 应基本保持不变，若变化较大则说明集成块性能不良。

②稳压系数 S 的测量。

③输出电阻 R_0 的测量。

④输出纹波电压的测量。步骤②、③、④的测试方法同实验 9，把测量结果记入自拟表格中。

3. 注意事项

①电路连接：确保正确连接集成稳压器的输入和输出引脚。检查电路中的接线是否牢固，避免短路或松动连接。

②电源供应：确保为集成稳压器提供稳定的电源。使用合适的电源电压和电源电流，以避

免过载或损坏集成稳压器。

③测试仪器:使用合适的测试仪器进行实验,例如数字万用表或示波器。这些仪器可以帮助你监测和测量集成稳压器的输入电压、输出电压、电流等参数。

五、实验报告要求

①预习报告:详细描述实验的步骤和操作过程,使读者能够重复实验。包括电路连接、电源接入、测量参数、调整参数等。

②实验过程记录:记录和呈现实验过程中的关键数据和观察结果。包括输入电压、输出电压、输出电流、负载调整率等测量值,并可以通过表格、图表或示波器波形进行展示。

③结果处理及分析:对实验结果进行分析和解释。比较不同输入电压、负载条件下的输出特性和稳定性能。讨论实验结果与理论预期之间的差异、可能的误差来源以及可能的改进措施。

④根据实验现象,回答思考题②。

⑤总结分析在本实验过程中遇到的问题以及处理方法。

六、思考题

①在测量稳压系数 S 和内阻 R_0 时,应怎样选择测试仪表?

②怎样提高稳压电源的性能指标?

实验 **11**

逻辑门功能测试与基于 SSI 的组合逻辑电路设计

一、实验目的

①掌握与非门等基本逻辑门电路的功能及测试法。

②掌握 SSI 组合逻辑电路的设计流程和方法。

③能用基本的门电路设计出符合要求的电路,并对其功能进行验证。

二、实验原理

1. 基本逻辑门电路

(1)与非门

如图 2.11.1 所示为与非门逻辑功能测试接线图。其中与非门 1、2 引脚接逻辑开关 S_1、S_2,3 脚接 LED 逻辑电平指示灯,表 2.11.1 为与非门逻辑功能表。

表 2.11.1 与非门逻辑功能表

A	B	C
0	0	1
0	1	1
1	0	1
1	1	0

(2)异或门

如图 2.11.2 所示为异或门逻辑功能测试接线图。其中异或门 1、2 引脚接逻辑开关 S_1、

S_2,3 脚接 LED 逻辑电平指示灯,表 2.11.2 为异或门逻辑功能表。

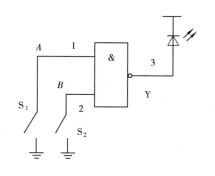
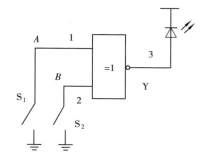

图 2.11.1　与非门功能测试示意图　　　　图 2.11.2　异或门功能测试示意图

表 2.11.2　异或门逻辑功能表

A	B	C
0	0	0
0	1	1
1	0	1
1	1	0

2. 组合逻辑电路的分析方法

组合逻辑电路的分析是指对给定的组合逻辑电路求解其逻辑功能,即求出该电路的输出与输入之间的逻辑关系,其分析步骤包含以下几步:

①根据逻辑图,写出逻辑函数表达式。

②对逻辑函数表达式化简或变换。

③根据最简表达式列出状态表。

④由状态表确定逻辑电路的功能。

3. 基于 SSI 设计组合逻辑电路的方法

组合逻辑电路的设计是指由给定的功能要求,设计出相应的逻辑电路,设计步骤如下所示。

①通过对给定问题的分析,写出真值表。

在分析中要特别注意如何将实际问题抽象为几个输入变量和几个输出变量之间的逻辑关系问题,其输出变量之间是否存在约束关系,从而获得真值表或简化真值表。

②由真值表求出逻辑函数表达式。

③对逻辑函数表达式进行化简或变换,得到所需的最简表达式。

④按照最简表达式画出逻辑电路图。

4. 加法器

(1) 半加器

两个二进制数相加, 称为半加。半加器是指实现半加操作的电路。

图 2.11.3 所示为半加器的符号, A 和 B 分别为加数和被加数; S 表示半加和; C 表示向高位的进位。表 2.11.3 为半加器真值表, 从二进制数加法的角度看, 半加器只考虑了两个加数本身, 没有考虑低位来的进位, 这就是半加器名称的由来。由真值表可得半加器逻辑表达式:

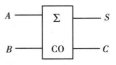

图 2.11.3 半加器

$$S = \overline{A}B + A\overline{B} = A \oplus B \tag{2.11.1}$$

$$C = AB \tag{2.11.2}$$

表 2.11.3 半加器真值表

A	B	S	C
0	0	0	0
0	1	1	0
1	0	1	0
1	1	0	1

(2) 全加器

全加器能进行加数、被加数和低位来的进位相加, 并根据求和的结果给出该位的进位信号。图 2.11.4 所示为全加器的符号, A_i、B_i 表示 A、B 两个数的第 i 位, C_{i-1} 表示相邻低位来的进位数, S_i 表示本位和 (称为全加和), C_i 表示向相邻高位的进位数, 则根据全加运算规则可列出全加器的真值表(表 2.11.4), 并得到 S、C 的简化函数表达式。

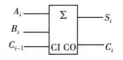

图 2.11.4 全加器

$$S_i = A_i \oplus B_i \oplus C_{i-1} (最简表达式) \tag{2.11.3}$$

$$\begin{aligned} C_i &= \overline{A}_i B_i C_{i-1} + A_i \overline{B}_i C_{i-1} + A_i B_i \overline{C}_{i-1} + A_i B_i C_{i-1} \\ &= (\overline{A}_i B_i + A_i \overline{B}_i) C_{i-1} + A_i B_i (\overline{C}_{i-1} + C_{i-1}) \\ &= (A_i \oplus B_i) C_{i-1} + A_i B_i \end{aligned} \tag{2.11.4}$$

表 2.11.4 全加器真值表

A_i	B_i	C_{i-1}	S_i	C_i
0	0	0	0	0
0	0	1	1	0
0	1	0	1	0
0	1	1	0	1
1	0	0	1	0
1	0	1	0	1
1	1	0	0	1
1	1	1	1	1

5. 三人表决器

A、B、C 三人进行表决,当有多数人赞成时,表决通过,否则不通过。

设 A、B、C 为输入变量,Y 为输出变量,当输入为 1 时,代表赞成,输入为 0 时,代表反对;输出为 1 时,代表表决通过,输出为 0 时,代表表决不通过。

根据以上逻辑功能分析,可得到三人表决器的真值表见表 2.11.5。

表 2.11.5　三人表决器真值表

A	B	C	Y
0	0	0	0
0	0	1	0
0	1	0	0
0	1	1	1
1	0	0	0
1	0	1	1
1	1	0	1
1	1	1	1

根据真值表,可写出三人表决器的最简逻辑表达式为:

$$S = \overline{A}BC + A\overline{B}C + AB\overline{C} + ABC = AB + BC + AC \qquad (2.11.5)$$

三、实验设备

序号	名称	型号	数目	单位	备注
1	四 2 输入与门	74LS08	4	个	
2	四 2 输入异或门	74LS86	3	个	
3	四 2 输入与非门	74LS00	5	个	
4	双四输入与非门	74LS20	1	个	
5	电阻	10 k 330 Ω	若干	个	
6	电压源	5 V	若干	个	

四、实验内容

1. 半加器设计

(1)Multitsim 仿真

在电路工作窗口画出电路原理图,采用 logic converter 建立真值表、得到半加和逻辑表达

153

式(图2.11.5),并生成逻辑电路图(图2.11.6),可采用与门或与非门实现,本次设计采用与门;对于进位,采用相同步骤生成逻辑电路图。

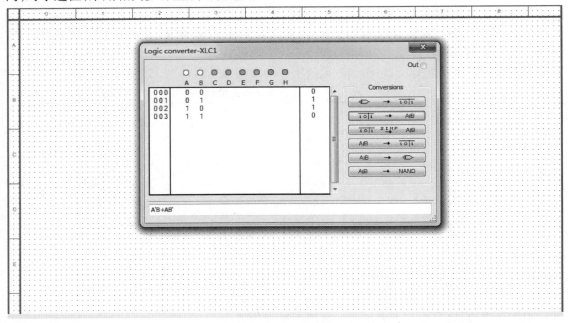

图 2.11.5　半加和逻辑表达式

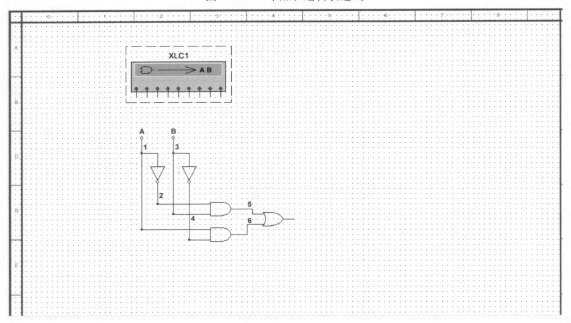

图 2.11.6　半加和逻辑电路图

采用 word generator 产生输入信号,输出方式选取 Step,触发方式选取 Internal,再点击 Set 按钮,设置 Butter size 为 0004,Preset patterns 为 Up counter;采用 Logic analyser 对信号进行高速采集和时序分析,仿真电路图如图 2.11.7 所示,仿真结果如图 2.11.8 所示。

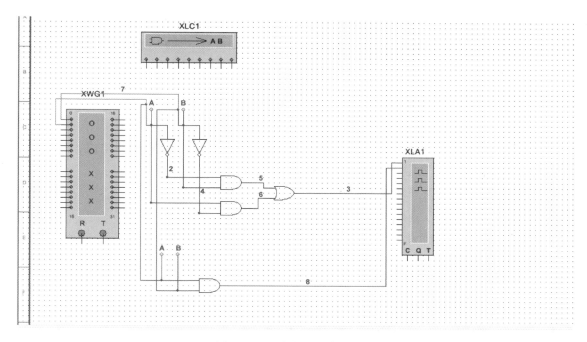

图 2.11.7　半加器仿真电路图

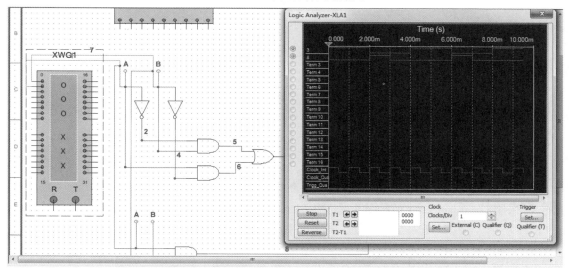

图 2.11.8　半加器仿真结果

（2）实际操作

连接芯片：在实验板中选择 74LS00 芯片。确保芯片的引脚与面包板的行列相对应，并使用连接线连接芯片的引脚。

连接输入位：使用连接线将两个开关连接到芯片的输入引脚上。一个开关表示一个输入位，另一个开关表示另一个输入位。

连接输出位：使用连接线将两个 LED 连接到芯片的输出引脚上。一个 LED 表示和位的输出，另一个 LED 表示进位的输出。

供电:将芯片和 LED 连接到电源上,确保它们能正常工作。

运行实验:通过切换开关的状态来模拟输入位的不同组合。观察 LED 的状态,它们将根据半加器的逻辑输出相应地亮起或熄灭。

2. 全加器设计

(1)Multitsim 仿真

全加器的设计采用与半加器不同的方式,通过逻辑表达式自己设计逻辑电路,采用 Logic converter 来监控结果是否正确。

①采用逻辑表达式设计逻辑电路,如图 2.11.9 所示

$$C_i = (A_i \oplus B_i) C_{i-1} + A_i B_i = \overline{\overline{(A_i \oplus B_i) C_{i-1}} \cdot \overline{A_i B_i}} \qquad (2.11.6)$$

则 U1B 的输出为全加和 S,U2C 的输出为进位数 C。

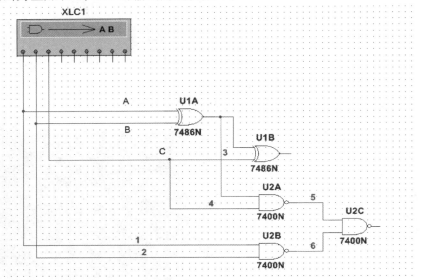

图 2.11.9　全加器逻辑电路图

②采用 Logic converter 监控结果是否正确,全加和 S 和进位数 C 的验证分别如图 2.11.10 和 2.11.11 所示,与表 2.11.4 结果一致。同样可采用仿真对全加器进行验证,如图 2.11.12 所示。

(2)实际操作

连接芯片:在实验板中选择 74LS00 芯片。确保芯片的引脚与面包板的行列相对应,并使用连接线连接芯片的引脚。

连接输入位:使用连接线将三个开关分别连接到芯片的输入引脚上。一个开关表示一个输入位,另两个开关表示另外两个输入位。

连接输出位:使用连接线将两个 LED 分别连接到芯片的输出引脚上。一个 LED 表示和位的输出,另一个 LED 表示进位位的输出。

供电:将芯片和 LED 连接到电源上,确保它们能正常工作。

运行实验:通过切换开关的状态来模拟输入位的不同组合。观察 LED 的状态,它们将根据全加器的逻辑输出相应地亮起或熄灭。

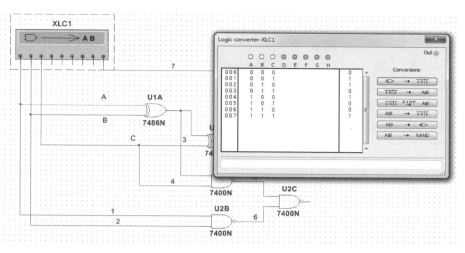

图 2.11.10　全加器全加和验证

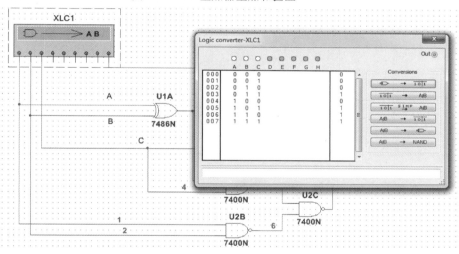

图 2.11.11　全加器进位数验证

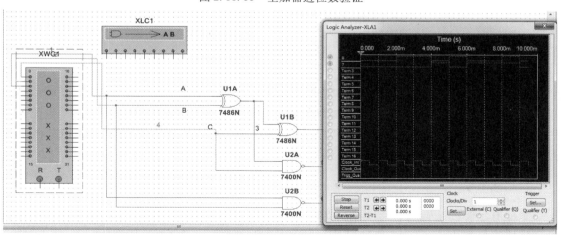

图 2.11.12　全加器仿真结果

3. 三人表决电路设计

用 74LS00(2 输入 4 与非门)、74LS86(2 输入 4 异或门)设计一个三人表决器电路,并在实验板上验证所设计的逻辑电路是否正确。

(1)Multisim 仿真

在进行 Multisim 仿真之前,首先根据问题列出真值表,写出逻辑方程并化简,真值表如表2.11.6 所示。

表 2.11.6　三变量多数表决器真值表

A	B	S	C
0	0	0	0
0	0	1	0
0	1	0	0
0	1	1	1
1	0	0	0
1	0	1	1
1	1	0	1
1	1	1	1

然后根据真值表写出逻辑方程,并化简。

$$S = \overline{A}B\overline{C} + A\overline{B}\overline{C} + ABC + \overline{A}BC = \overline{(A \oplus B)CAB} = AB + AC + BC \qquad (2.11.7)$$

根据化简逻辑方程在 Multisim 仿真环境中画出逻辑电路图,并进行调试验证。所需器件有:74LS00、74LS86;输入用 5 V 电源表示高电平,接地表示低电平,用单刀双掷开关选取输入,模拟三人表决,接地为"拒绝",表示低电平 0,接 5 V 电源为"同意"表示高电平 1,输出用指示器的指示灯表示,指示灯另一端接地,点击仿真,指示灯亮表示"1",指示灯不亮表示"0",原理仿真与工程仿真如图 2.11.13 所示。

(2)实际操作

选择适合的逻辑门芯片,例如 AND 门、OR 门等,根据设计好的电路连接图,将逻辑门芯片插入面包板,并使用连接线将芯片引脚与面包板上的连接点连接起来,根据设计好的电路连接图,使用连接线将输入信号连接到逻辑门的输入引脚。根据输入信号设置,观察 LED 的亮灭或示波器的波形变化,验证电路的输出是否符合预期的逻辑关系。

4. 注意事项

确保有足够的逻辑门芯片、电阻、电容等实验所需的元器件。检查元器件是否正常工作,检查连接线好坏。

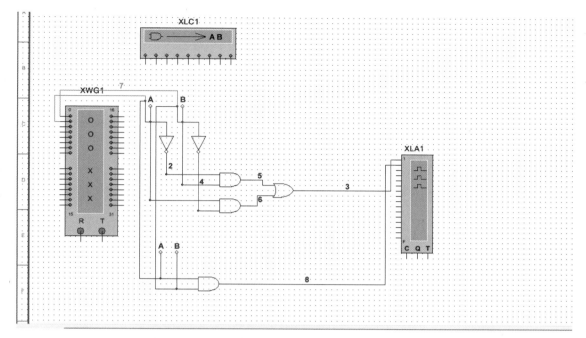

图 2.11.13　三人表决器 Multisim 仿真

五、实验报告要求

①预习报告:复习理解逻辑门的功能和真值表,熟悉基本的数字电路设计原理。写出各逻辑电路真值表,列写表达式、画出逻辑电路图。

②实验过程记录:验证逻辑门和设计逻辑电路真值表所有取值组合的逻辑关系,记录 LED 灯亮灭现象,验证逻辑功能。

③结果处理及分析:分析组合逻辑电路的真值表与逻辑功能,讨论电路的正确性和性能优化的可能方法。

④回答思考题①。

⑤总结分析在本实验过程中遇到的问题以及处理方法。

六、思考题

①总结门电路多余端的处理方法。

②总结并思考用万用表静态或用函数发生器和示波器动态测试门电路好坏的基本方法。

③试设计一个全减器,列出逻辑电路真值表,得到逻辑表达式,并画出电路图。

実験 ***12***

基于 MSI 的组合逻辑电路设计

一、实验目的

①熟悉中、小规模集成器件(数据选择器、译码器等)的逻辑功能和测试方法。

②学习用译码器实现逻辑函数并了解译码器的应用。

③通过数据选择器来设计奇偶校验电路,熟悉数据选择器的应用。

二、实验原理

1. 基于 MSI 设计组合逻辑电路的一般方法

设计组合逻辑电路较常用的 MSI 器件包括数据选择器、译码器、全加器等,使用 MSI 器件设计电路的一般方法如下所述。

①根据给出的实际问题,进行逻辑抽象,确定输入变量和输出变量。

②列出函数真值表或写出逻辑函数最小项表达式。

③根据逻辑函数包含的变量数和逻辑功能,选择合适的 MSI 器件,一般单输出函数选用数据选择器,多输入函数选用译码器。

④由状态表确定逻辑电路的功能。

2. 译码器

译码器是一个多输入、多输出的组合逻辑电路,其作用是将给定代码进行"翻译"变成相应的状态,使输出通道中相应的一路有信号输出。译码器在数字系统中有广泛用途,不仅可用于代码转换、终端的数字显示,还可用于数据分配、存储器寻址和组合控制信号等。根据实现功能不同,可分为两大类:通用译码器和显示译码器。前者又可分为变量译码器和代码交换译码器。变量译码器(又称二进制译码器)用以表示输入变量的状态,如 2 线-4 线、3 线-8 线和 4 线-16 线译码器。若有 n 个输入变量,则有 2^n 个不同的组合状态,就有 2^n 个输出端供其使用。而每一个输出所代表的函数对应于 n 个输入变量的最小项。

如图 2.12.1 所示为 3 线-8 线译码器,当附加控制门 G_S 的输出为高电平($S=1$)时,可由逻辑图写出,即

$$\overline{Y_0} = \overline{\overline{A_2}\,\overline{A_1}\,\overline{A_0}} = \overline{m_0} \qquad\qquad (2.12.1)$$

$$\overline{Y_1} = \overline{\overline{A_2}\,\overline{A_1}\,A_0} = \overline{m_1} \qquad\qquad (2.12.2)$$

$$\overline{Y_2} = \overline{\overline{A_2}\,A_1\,\overline{A_0}} = \overline{m_2} \qquad\qquad (2.12.3)$$

$$\overline{Y_3} = \overline{\overline{A_2}\,A_1\,A_0} = \overline{m_3} \qquad\qquad (2.12.4)$$

$$\overline{Y_4} = \overline{A_2\,\overline{A_1}\,\overline{A_0}} = \overline{m_4} \qquad\qquad (2.12.5)$$

$$\overline{Y_5} = \overline{A_2\,\overline{A_1}\,A_0} = \overline{m_5} \qquad\qquad (2.12.6)$$

$$\overline{Y_6} = \overline{A_2\,A_1\,\overline{A_0}} = \overline{m_6} \qquad\qquad (2.12.7)$$

$$\overline{Y_7} = \overline{A_2\,A_1\,A_0} = \overline{m_7} \qquad\qquad (2.12.8)$$

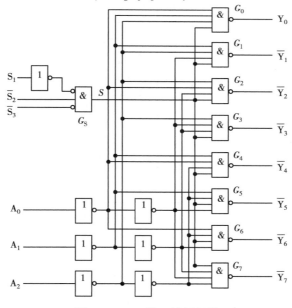

图 2.12.1　3 线-8 线译码器

从式(2.12.1)至式(2.12.8)可看出,$Y_0 \sim Y_7$ 同时又是 A_2、A_1、A_0 这 3 个变量的全部最小项的译码输出,所以这种译码器也称为最小项译码器。如果将 A_2、A_1、A_0 当作逻辑函数的输入变量,则可利用附加的门电路将这些最小项适当地组合起来,便可产生任何形式的三变量组合逻辑函数。

3. 数据选择器

数据选择器是常用的组合逻辑部件之一,由组合逻辑电路对数字信号进行控制来完成

较复杂的逻辑功能。数据选择器包含若干个数据输入端 D_0、D_1、$\cdots$,若干个控制输入端 A_0、A_1、$\cdots$,和一个输出端 Y。在控制输入端加上适当的信号,即可从多个数据输入端中将所需的数据信号选择出来,送到输出端。使用时可以在控制输入端加上一组二进制编码程序的信号,使电路按要求输出一串信号,因此它是一种可编程序的逻辑部件。

数据选择器是一种通用性很强的中规模集成电路,除了能传递数据外,还可将它设计成数据比较器,变并行码为串行码,组成函数发生器。

如图 2.12.2 所示为 8 选 1 数据选择器 74LS151 逻辑图,其中 A_0、A_1、A_2 为选择输入端,$D_0 \sim D_7$ 为数据输入端,STROBE 为选通输入端(低电平有效),Y 和 W 分别为数据输出端和反码数据输出端,表 2.12.1 为其真值表。

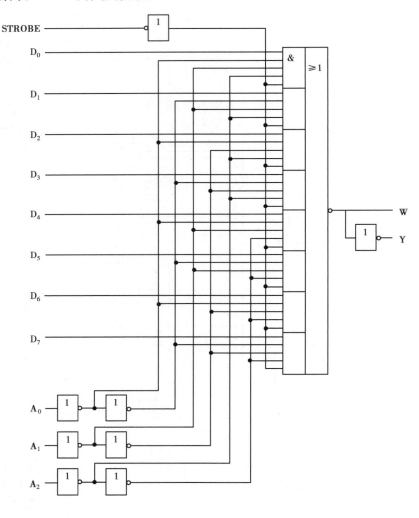

图 2.12.2 8 选 1 数据选择器 74LS151 逻辑图

表 2.12.1　8 选 1 数据选择器 74LS151 功能表

输入				输出	
选择输入端			STROBE	Y	W
A_2	A_1	A_0			
×	×	×	1	0	1
0	0	0	0	D_0	$\overline{D_0}$
0	0	1	0	D_1	$\overline{D_1}$
0	1	0	0	D_2	$\overline{D_2}$
0	1	1	0	D_3	$\overline{D_3}$
1	0	0	0	D_4	$\overline{D_4}$
1	0	1	0	D_5	$\overline{D_5}$
1	1	0	0	D_6	$\overline{D_6}$
1	1	1	0	D_7	$\overline{D_7}$

如图 2.12.3 所示为双 4 选 1 数据选择器 74LS153 逻辑图，A_0 和 A_1 为选择输入端，$D_{10} \sim D_{13}$ 及 $D_{20} \sim D_{23}$ 为数据输入端，$\overline{S}_1$ 和 $\overline{S}_2$ 为选通输入端（低电平有效），Y_1 和 Y_2 为数据输出端，表 2.12.2 为其真值表。

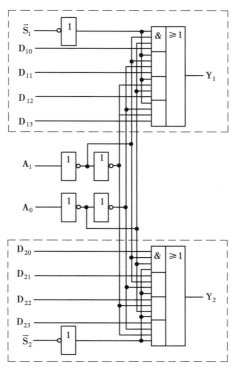

图 2.12.3　双 4 选 1 数据选择器 74LS153 逻辑图

163

表 2.12.2　双 4 选 1 数据选择器 74LS153 功能表

输入		输出	输入		输出
A_1	$\overline{S_1}$	Y_1	A_0	$\overline{S_2}$	Y_2
×	1	0	×	1	1
0	0	D_{10}	0	0	$\overline{D_0}$
0	0	D_{11}	1	0	$\overline{D_1}$
1	0	D_{12}	0	0	$\overline{D_2}$
1	0	D_{13}	1	0	$\overline{D_3}$

4. 奇偶校验电路

奇校验电路的功能是判奇,即输入信号中 1 的个数为奇数时电路输出为"1",反之输出为"0"。偶校验电路的功能是判偶,即输入信号中 1 的个数为偶数时电路输出为"1",反之输出为"0",其真值表见表 2.12.3。

表 2.12.3　奇偶校验电路真值表(输出 Y 为奇校验,输出 Y′为偶校验)

A	B	C	D	Y	Y′
0	0	0	0	0	1
0	0	0	1	1	0
0	0	1	0	1	0
0	0	1	1	0	1
0	1	0	0	1	0
0	1	0	1	0	1
0	1	1	0	0	1
0	1	1	1	1	0
1	0	0	0	1	0
1	0	0	1	0	1
1	0	1	0	0	1
1	0	1	1	1	0
1	1	0	0	0	1
1	1	0	1	1	0
1	1	1	0	1	0
1	1	1	1	0	1

三、实验设备

序号	名称	型号与规格	数目	单位
1	双踪示波器	VP-5220D(或 DS1072U)	1	台
2	数字万用表	DT-9205(或 MY65)	1	只
3	数字实验箱	DAM-Ⅱ(西科大)(或 KHD-2/天煌)	1	台
4	芯片	74LS138,74LS151,74LS153	各 1	片
5	导线	—	若干	根

四、实验内容

1. 实现函数 $F = \overline{ABC} + \overline{A}(B+C)$

首先写出逻辑函数表达为最小形式：

$$F = \overline{A}\,\overline{B}\,\overline{C} + \overline{A}(B+C) = \overline{A}\,\overline{B}C + \overline{A}B\overline{C} + \overline{A}\,\overline{B}\,\overline{C} + \overline{A}BC + A\overline{B}\,\overline{C} = m_5 + m_3 + m_2 + m_1$$

根据逻辑函数列出真值表见表 2.12.4。

表 2.12.4　真值表

A	B	C	F
0	0	0	0
0	0	1	1
0	1	0	1
0	1	1	1
1	0	0	0
1	0	1	1
1	1	0	0
1	1	1	0

（1）Multisim 仿真

在电路工作窗口画出电路原理图,在元器件中选取 3 线-8 线译码器 74LS138N 和与非门 74LS20N,输入用 5 V 电源表示高电平,接地表示低电平,用单刀双掷开关选取输入,输出用指示器中 2.5 V 的指示灯表示,指示灯亮表示"1",指示灯不亮表示"0",组成函数发生器实验电路如图 2.12.4 所示。

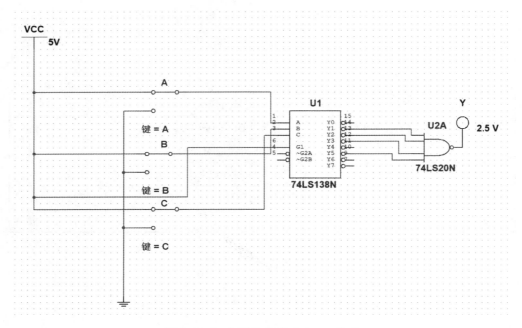

图 2.12.4　函数发生器 Multisim 仿真

（2）实际操作

完成电路设计,选择合适芯片,测试所用芯片的好坏,根据电路图连接实验电路,进行管脚分配记录,用 LED 观察输出高低电平状态,记录实验现象,验证实验电路逻辑功能。

2. 用 74LS151 八选一数据选择器和与非门设计一个四位奇校验器电路

根据要求列出真值表见表 2.12.5。

表 2.12.5　真值表

A	B	C	D	Y	Y'
0	0	0	0	0	0
0	0	0	1	1	0
0	0	1	0	1	1
0	0	1	1	0	1
0	1	0	0	1	1
0	1	0	1	0	1
0	1	1	0	0	0
0	1	1	1	1	0
1	0	0	0	1	1
1	0	0	1	0	1
1	0	1	0	0	0
1	0	1	1	1	0

续表

A	B	C	D	Y	Y'
1	1	0	0	0	0
1	1	0	1	1	0
1	1	1	0	1	1
1	1	1	1	0	1

根据真值表,写出逻辑表达式为 $Y = A \oplus B \oplus C \oplus D$。

（1）Multisim 仿真

在电路工作窗口画出电路原理图,在 Multisim 中选取用 74LS151N 八选一数据选择器和与非门,输入用 5 V 电源表示高电平,接地表示低电平,用单刀双掷开关选取输入,输出用指示器中 2.5 V 的指示灯表示,指示灯亮表示"1",指示灯不亮表示"0",一个四位奇校验器电路仿真图如图 2.12.5 所示。

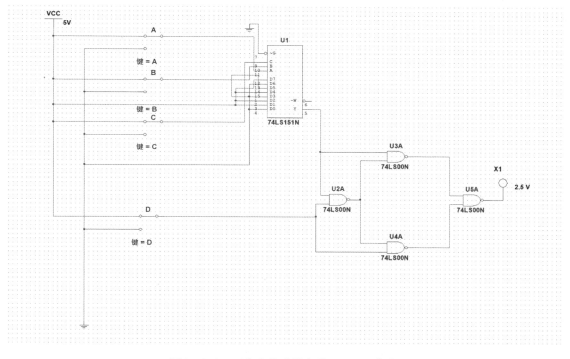

图 2.12.5　四位奇校验器电路 Multisim 仿真

（2）实际操作

完成电路设计,选择合适芯片,测试所用芯片的好坏,根据电路图连接实验电路,进行管脚分配记录,用 LED 观察输出高低电平状态,记录实验现象,验证实验电路逻辑功能。

3. 注意事项

①在设计组合逻辑电路之前,明确所需的逻辑功能,并确定所需的 MSI 芯片类型。根据

功能和芯片特性,设计电路图。

②根据设计要求和电路图,选择合适的 MSI 芯片。确保芯片的规格、引脚数和逻辑门的类型与设计相匹配。

五、实验报告要求

①预习报告:根据实验内容要求,写出各逻辑电路的真值表,列出表达式,画出逻辑电路图。

②实验过程记录:验证逻辑门和设计逻辑电路真值表所有取值组合的逻辑关系,记录 LED 灯亮灭现象,验证逻辑功能。

③结果处理及分析:对实验结果进行分析和讨论,与设计方案进行比较,验证电路的功能是否符合预期。可以讨论实验中遇到的问题、误差或异常情况,并提出解释和改进方法。

④回答思考题②。

⑤总结分析在本实验过程中遇到的问题以及处理方法。

六、思考题

①用 74LS151N 和 74LS138N 实现一个 8 路"并-串-并"转换的信号传输电路,画出原理图。

②用 74LS153N 实现一个全加器,列出逻辑状态表,逻辑表达式,画出接线图。

③若在实验 2 中采用 74LS153N 代替 74LS151N,该如何进行实验设计? 画出接线图。

④了解编码器、比较器和显示译码器等其他中规模数字集成电路的应用。

実验 **13**

触发器功能及其简单应用

一、实验目的

①掌握基本 RS、集成 D 和 JK 触发器的逻辑功能及测试方法。
②熟悉 D 和 JK 触发器的触发方法。
③熟悉用 JK 和 D 触发器构成其他功能触发器的方法。

二、实验原理

时序逻辑电路任意时刻的输出状态不仅与当前输入信号有关,而且与此前电路的状态有关,锁存器和触发器是构成时序逻辑电路的基本逻辑单元,二者均具有两个稳定状态,在一定的外加信号作用下可以由一种稳定状态转变为另一种稳定状态;无外加信号作用时,将维持原状态不变;不同之处是锁存器对脉冲电平敏感,当锁存器处于使能状态时,输出才会随着输入发生变化,锁存器有两个输入(一个有效信号和一个输入数据信号)和一个输出,只有当有效信号有效时才把输入信号的值传给输出,也就是锁存的过程,而触发器对脉冲边沿敏感,在时钟脉冲的上升沿或下降沿的变化瞬间改变状态,即触发器一直保持其状态,直到收到输入脉冲,又称为触发,当收到输入脉冲时,触发器输出就会根据规则改变状态,然后保持这种状态直到收到另一个触发。

按照逻辑功能的不同,锁存器和触发器都能分为 RS、JK、D 等类型。

1. 锁存器

(1)基本 RS 锁存器
基本 RS 锁存器由两个与非门构成,其电路结构如图 2.13.1 所示,其逻辑功能见表 2.13.1。

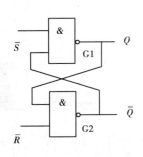

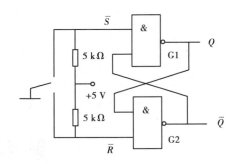

图 2.13.1　基本 RS 锁存器电路结构　　　图 2.13.2　防抖动开关

表 2.13.1　基本 RS 锁存器逻辑功能状态表

$\bar{S}$	$\bar{R}$	Q_{n+1}	$\bar{Q}_{n+1}$
1	1	Q_n	$\bar{Q}_n$
1	0	1	0
0	1	0	1
0	0	不定	不定

基本 RS 触发器的特性方程为：

$$Q_{n+1} = \overline{\overline{S} \cdot \overline{Q}_n} \tag{2.13.1}$$

$$\overline{Q_{n+1}} = \overline{\overline{R} \cdot Q_n} \tag{2.13.2}$$

约束条件为 $\bar{R}+\bar{S}=1$。

图 2.13.2 是一个由基本 RS 触发器构成的防抖动开关,可以用它构成单脉冲发生器。

（2）逻辑门控 RS 锁存器

图 2.13.3 为逻辑门控 RS 锁存器电路结构,其中 E 为锁存使能输入端,G_3 和 G_4 组成使能信号控制门电路,G_1 和 G_2 组成简单 RS 锁存器,图 2.13.4 所示为其逻辑符号,表 2.13.2 为其功能表,可看出只有当 $E=1$ 时,输入的值才能传给输出。

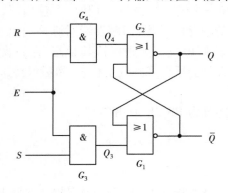

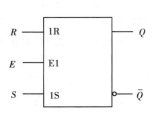

图 2.13.3　逻辑门控 RS 锁存器电路结构　　图 2.13.4　逻辑门控 RS 锁存器逻辑符号

表 2.13.2　逻辑门控 RS 锁存器逻辑状态表

E	S	R	Q_{n+1}
0	×	×	不变
1	0	0	Q_n
1	0	1	0
1	1	0	1
1	1	1	不定

（3）逻辑门控 D 锁存器

如图 2.13.5 和图 2.13.6 所示分别为逻辑门控 D 锁存器的电路结构和逻辑符号图，表 2.13.3 为其逻辑功能状态表，可见当使能端 E 为 0 时，输出不变；当使能端 E 为 1 时，输入什么即输出什么。

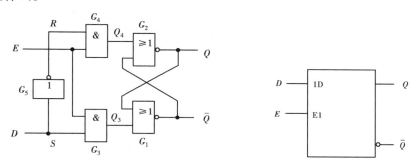

图 2.13.5　逻辑门控 D 锁存器电路结构　　图 2.13.6　逻辑门控 D 锁存器逻辑符号

表 2.13.3　逻辑门控 RS 锁存器逻辑状态表

E	D	Q_{n+1}
0	×	不变
1	0	0
1	1	1

2. 触发器

（1）可控 RS 触发器

可控 RS 触发器电路结构和逻辑符号分别如图 2.13.7 和图 2.13.8 所示，其中 G_3 和 G_4 组成引导电路，R 和 S 分别为置 1 信号输入端和置 0 信号输入端，均为高电平有效；CP 为时钟脉冲，可通过导引电路实现对输入端 R 和 S 的控制，即当 $CP=0$ 时，不论 R 和 S 端的电平如何变化，G_3 和 G_4 门的输出均为 1，基本触发器保持原状态不变；当时钟脉冲来到后，即 $CP=1$ 时，触发器才按 R、S 端的输入状态来决定其输出状态；$\overline{R}_D$ 和 $\overline{S}_D$ 是直接置 0 和直接置 1 端，不经过时钟脉冲的控制就可以对基本触发器置 0 或置 1，一般用于强迫置位，在工作过程中要令其处于 1 态。

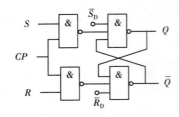
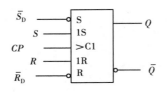

图 2.13.7　可控 RS 触发器电路结构　　图 2.13.8　可控 RS 触发器逻辑符号

可控 RS 触发器的逻辑式为：

$$Q_{n+1} = \overline{\overline{S \cdot CP} \cdot \overline{Q}_n} \tag{2.13.3}$$

$$\overline{Q}_{n+1} = \overline{\overline{R \cdot CP} \cdot Q_n} \tag{2.13.4}$$

表 2.13.4 为可控 RS 触发器逻辑状态表，R 和 S 若同时为 1，状态不定，应避免这种情况的发生。

表 2.13.4　可控 RS 触发器逻辑状态表

R	S	Q_{n+1}
0	0	Q_n
0	1	1
1	0	0
1	1	不定

（2）JK 触发器

JK 触发器如图 2.13.9 所示，由两个可控 RS 触发器串联组成，分别称为主触发器和从触发器，$\overline{R}_D$ 和 $\overline{S}_D$ 是异步置 0 和异步置 1 端，J 和 K 是信号输入端，它们分别与 $\overline{Q}$ 和 Q 构成逻辑关系，成为主触发器的 S 端和 R 端，即

$$S = \overline{JQ} \tag{2.13.5}$$

$$R = KQ \tag{2.13.6}$$

当时钟脉冲 $CP = 1$ 时，主触发器打开，输入信号送入，从触发器关闭，输出状态不变；当 $CP = 0$ 时，主触发器关闭，输入信号隔离，从触发器打开，输出相应状态。

表 2.13.5 为 JK 触发器逻辑状态表，此类主从型 JK 触发器具有在 CP 从 1 下跳为 0 时翻转的特点，即在时钟脉冲下降沿触发。

表 2.13.5　JK 触发器逻辑状态表

J	K	Q_{n+1}
0	0	Q_n
0	1	0
1	0	1
1	1	$\overline{Q}_n$

JK 触发器可用于构成寄存器、计数器等,常见的 TTL 型双 JK 触发器有 74LS76,74LS73,74LS112,74LS109 等。CMOS 型有 CD4027 等。本实验采用的双 JK 触发器 74LS76,其引脚排列图见附录。

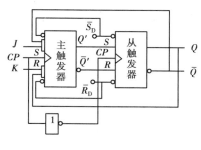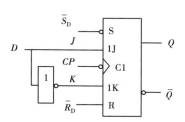

图 2.13.9　JK 触发器　　　　　　　　图 2.13.10　D 触发器

(3)D 触发器

可将 JK 触发器转换为 D 触发器,如图 2.13.10 所示,当 $CP = 1$ 时,其逻辑状态表见表 2.13.6,可知输出端 Q 的状态和该脉冲来到之前输入端 D 的状态一致,即 $Q_{n+1} = D_n$。

表 2.13.6　D 触发器逻辑功能表

D	Q_{n+1}
0	0
1	1

常见的 D 触发器型号很多,TTL 型的有 74LS74(双 D)、74LS175(四 D)、74LS174(六 D)、74LS374(八 D)等。CMOS 型的有 CD4013(双 D),CD4042(四 D)等。本实验采用双 D 触发器 74LS74,其引线排列图见附录。

(4)T 触发器和 T′触发器

T 触发器只有一个输入端,可控制触发器不改变状态,或者每来一个时钟脉冲信号就进行翻转,其逻辑功能表见表 2.13.7。

表 2.13.7　T 触发器逻辑功能表

CP	T	Q_{n+1}
0	×	不变
1	0	Q_n
1	1	$\overline{Q_n}$

T′触发器也只有一个输入端,只具有计数翻转的功能,每来一个时钟脉冲信号,输出翻转一次。

三、实验设备

序号	名称	型号与规格	数目	单位	备注
1	RS 触发器	74LS00D	2	个	
2	D 触发器	74LS74D	1	个	
3	JK 触发器	74LS76N	1	个	
4	电阻	10 k	若干	个	
5	电源	5 V	若干	个	
6	开关	—	若干	个	
7	万用表	—	若干	块	
8	双踪示波器	VP-5220D（或 DS1072U）	1	台	
9	数字万用表	DT-9205（或 MY65）	1	只	

四、实验内容

1. 基本 RS 锁存器逻辑功能测试

（1）Multisim 仿真

在电路工作窗口画出电路原理图，在 Multisim 中输入用 5 V 电源表示高电平，接地表示低电平，用单刀双掷开关选取输入，按如图 2.13.1 所示操作方式用 74LS00 组成基本 RS 锁存器，并在 Q 和 $\overline{Q}$ 端接两只指示灯，输入端 S 和 R 分别接逻辑开关。接通+5 V 电源，按照表 2.13.8 的要求改变 S 和 R 的状态，观察输出端的状态，并在表 2.13.4 中记录结果，RS 锁存器 Multisim 仿真如图 2.13.11 所示。

表 2.13.8　基本 RS 锁存器逻辑功能测试

$\overline{R}$	$\overline{S}$	Q	$\overline{Q}$	触发器状态
0	1	0	1	置0
1	0	1	0	置1
1	1	Q	Q'	不变
0	0	不定	不定	不定

特征方程：$Q^{n+1} = S + \overline{R}Q^n, \overline{R} + \overline{S} = 1$（约束条件）

174

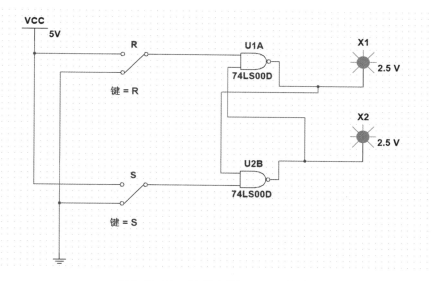

图 2.13.11　RS 锁存器 Multisim 仿真

（2）实际操作

在实验板上使用连接线将基本 RS 锁存器的 R 和 S 输入引脚连接到逻辑门集成电路的输出端口，应用适当的输入信号，观察基本 RS 锁存器的输出。分析实验结果，比较观察到的输出状态与预期的逻辑功能。

2. JK 触发器逻辑功能测试

（1）$\overline{R_D}$ 和 $\overline{S_D}$ 功能测试

①Multisim 仿真。在电路工作窗口画出电路原理图，在 Multisim 中输入用 5 V 电源表示高电平，接地表示低电平，用单刀双掷开关选取输入，将 74LS76 的 $\overline{R_D}$、$\overline{S_D}$、J 和 K 连接到逻辑开关，Q 和 $\overline{Q}$ 端分别接两只指示灯，CP 端接单次脉冲，接通电源，按照表 2.13.9 的要求，改变 $\overline{R_D}$、$\overline{S_D}$ 的状态，观察输出端 Q_{n+1} 的状态，将测试结果填入表 2.13.9 中，JK 触发器 $\overline{R_D}$ 和 $\overline{S_D}$ 功能测试 Multisim 仿真如图 2.13.12 所示。

表 2.13.9　JK 触发器 $\overline{R_D}$、$\overline{S_D}$ 功能测试

CP	J	K	$\overline{R}$	$\overline{S}$	Q	$\overline{Q}$
×	×	×	0	1	0	置 0
					1	
×	×	×	1	0	0	置 1
					1	

②实际操作。使用连接线将芯片的引脚与其他元件连接起来。JK 触发器有两个输入引脚（J 和 K）和两个输出引脚（Q 和 $\overline{Q}$）。使用连接线将输入引脚连接到适当的信号源（例如开关或逻辑门的输出）。使用连接线将输出引脚连接到适当的负载（例如 LED 或其他指示器）。

设置初始状态：根据需要，将 JK 触发器的初始状态设置为特定的值。这可以通过设置输入引脚的电平来实现。例如，可以设置 $J=0$，$K=1$，以将触发器的初始状态设置为复位状态。

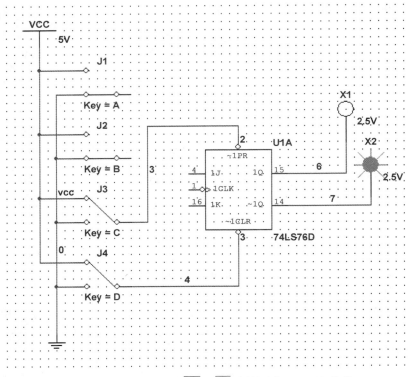

图 2.13.12　JK 触发器 $\overline{R}_D$ 和 $\overline{S}_D$ 功能测试 Multisim 仿真

$\overline{R}_D$ 功能测试:将 $\overline{R}_D$(复位直接输入)引脚连接到适当的信号源(例如开关)。通过改变 $\overline{R}_D$ 引脚的状态,观察触发器的输出是否按预期进行复位。

$\overline{S}_D$ 功能测试:将 $\overline{S}_D$(置位直接输入)引脚连接到适当的信号源。通过改变 $\overline{S}_D$ 引脚的状态,观察触发器的输出是否按预期进行置位。

在每种情况下,观察输出引脚(Q 和 $/Q$)的状态,并验证它们是否与预期的逻辑功能一致。

(2)JK 触发器逻辑功能测试

①Multisim 仿真。在电路工作窗口画出电路原理图,在 Multisim 中输入用 5 V 电源表示高电平,接地表示低电平,用单刀双掷开关选取输入,$\overline{R}_D$ 和 $\overline{S}_D$ 接高电平,J 和 K 接到逻辑开关,Q 和 $\overline{Q}$ 端分别接两只指示灯,CP 端接单次脉冲,接通电源,按照表 2.13.10 的要求,改变 J、K 和 CP 的状态,在 CP 发生跳变时,观察输出端 Q_{n+1} 的状态,将测试结果填入表 2.13.10 中。JK 触发器逻辑功能测试 Multisim 仿真如图 2.13.13 所示。

表 2.13.10　JK 触发器逻辑功能测试

CP	↑		↓		↑		↓		↑		↓		↑		↓	
J	0		0		0		0		1		1		1		1	
K	0		0		1		1		0		0		1		1	
Q^n	0	1	0	1	0	1	0	1	0	1	0	1	0	1	0	1
Q^{n+1}	0	1	0	1	0	1	0	0	0	1	1	1	0	1	1	0

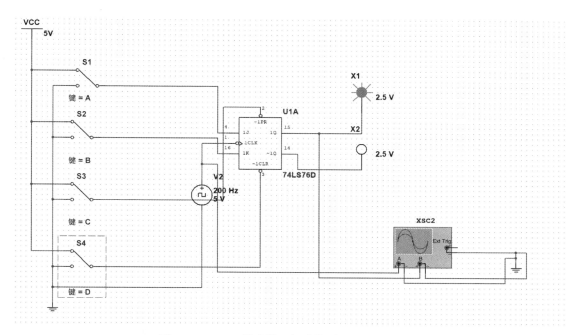

图 2.13.13　JK 触发器逻辑功能测试 Multisim 仿真

②实际操作。在实验板上使用连接线将 JK 触发器的 J 和 K 输入引脚连接到逻辑门集成电路的输出端口,使用连接线将 JK 触发器的时钟(CLK)输入引脚连接到适当的信号源(如脉冲发生器)。应用适当的输入信号和时钟信号,观察 JK 触发器的输出。

(3)D 触发器逻辑功能测试

①Multisim 仿真。在电路工作窗口画出电路原理图,在 Multisim 中输入用 5 V 电源表示高电平,接地表示低电平,用单刀双掷开关选取输入,$\overline{R_{\mathrm{D}}}$ 和 $\overline{S_{\mathrm{D}}}$ 接高电平,D 接到逻辑开关,Q 和 $\overline{Q}$ 端分别接两只指示灯。接通电源在 $CP = 0$ 时,将 D 触发器置"0",在 D 端输入"1",观察触发器输出状态,然后在 CP 端输入一单负脉冲观察触发器是否翻转到"1",若翻转到"1",在 CP 端再输入单正脉冲,观察触发器是否还翻转;触发器置"1",在 D 端加"0"信号,并重复上述过程,将以上测试结果填入表 2.13.11 中。D 触发器逻辑功能测试 Multisim 仿真如图 2.13.14 所示。

表 2.13.11　D 触发器 D 端功能测试

Q^n	0			0			1			1		
D	0			1			0			1		
CP	0	$\uparrow$	$\downarrow$	0	$\uparrow$	$\downarrow$	0	$\uparrow$	$\downarrow$	0	$\uparrow$	$\downarrow$
Q^{n+1}	0	0	0	0	1	0	1	0	1	1	1	1

②实际操作。使用连接线将 D 触发器的 D 输入引脚连接到逻辑门集成电路的输出端口,D 触发器的时钟(CLK)输入引脚连接到适当的信号源(如脉冲发生器)。分析实验结果,比较观察到的输出状态与预期的逻辑功能。讨论触发器的时序特性,如上升沿和下降沿触发、时钟信号的频率对触发器操作的影响等。

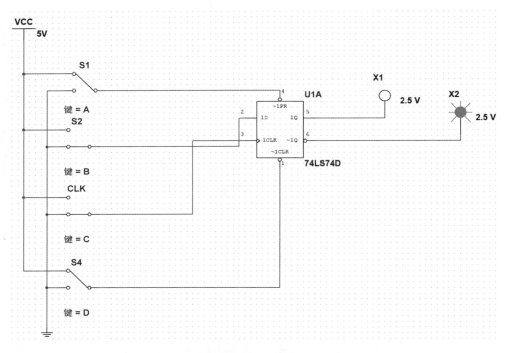

图 2.13.14　D 触发器逻辑功能测试 Multisim 仿真

3. 触发器的简单应用

（1）不同触发器之间的转换

①将 D 触发器转换成 JK 触发器,自行画出转换逻辑图,检验转换后的电路是否具有 JK 触发器的逻辑功能。

②将 D 触发器转换成 T 触发器,自行画出转换逻辑图,检验其逻辑功能。

③将 JK 触发器转换成 T 触发器,自行画出转换逻辑图,检验其逻辑功能。

（2）八分频计数器设计

用 74LS175 设计一个八分频计数器,要求画出实验接线图,并说明原理。

4. 注意事项

①实验准备:在进行实验之前,确保你已经理解了不同类型的触发器（如 D 触发器、JK 触发器、SR 触发器等）的功能和特性。熟悉触发器的真值表和工作原理。

②触发器选型:根据实验要求,选择适当类型的触发器。例如,如果需要边沿触发的功能,选择带有时钟输入的触发器。确保选择的触发器符合实验需求。

③电源供应:确保电源供应稳定可靠,并符合触发器的工作电压要求。使用适当的电源滤波和稳压电路,以保持电路的稳定性和可靠性。

④实验设备:确保有足够的触发器芯片、电阻、电容等实验所需的元器件。检查元器件是否正常工作,并确保它们与实验电路相匹配。

五、实验报告要求

①预习报告:详细描述所使用的触发器类型及其原理,解释触发器的逻辑功能和时序特性;写出完整的实验步骤,包含相关实验电路图,设计记录实验数据的表格。

②实验过程记录:验证触发器逻辑状态表中每一项逻辑功能,记录 LED 灯亮灭现象。

③结果处理及分析:记录触发器功能测试的输入信号和观察到的输出状态;根据结果解释各触发器的逻辑功能和触发特性。

④回答思考题②。

⑤总结分析在本实验过程中遇到的问题以及处理方法。

六、思考题

①若 D 触发器的 D 端信号,在 CP 脉冲前到达后立即撤除,对输出信号有无影响? 若是 D 锁存器呢?

②分别采用 JK 触发器和 D 触发器构成 T′触发器,画出逻辑电路;如果在触发器的 CP 端加入 1 kHz 的方波信号,输出信号将是什么波形,频率为多少?

实验 *14*

计数器及译码显示

一、实验目的

①熟悉常用中规模集成计数器的逻辑功能。

②掌握二进制计数器和十进制计数器的工作原理和使用方法。

③掌握用清零法和置数法构成任意进制计数器的原理。

二、实验原理

计数器是数字系统中用得较多的基本逻辑器件。它不仅能统计输入时钟脉冲的个数,即实现计数操作,还可用于分频、定时、产生节拍脉冲等。例如计算机中的时钟发生器、分频器、指令计数器等都要使用计数器。计数器的种类很多,按时钟脉冲输入方式的不同,可分为同步计数器和异步计数器;按进位体制的不同,可分为二进制计数器和非二进制计数器;按计数过程中数字增减趋势的不同,可分为加法计数器、减法计数器和双向计数器。

目前,TTL 和 CMOS 集成计数器在一些简单小型数字系统中被广泛使用,因为它们体积小、功耗低、功能灵活。这些集成计数器大多具有清零和预置数功能,使用者根据器件数据手册就能正确地运用这些器件。实验中将用到异步二-五-十进制计数器 74LS290 和四位同步二进制计数器 74LS161。

1. 异步二-五-十进制计数器 74LS290

74LS290 型异步二-五-十进制计数器外形为双列直插,其引脚排列图和逻辑符号分别为图 2.14.1(a)、(b)所示,图中的 NC 表示此脚悬空,不接线。74LS290 由 4 个主从 JK 触发器和一些门电路组成,其中一个触发器构成一位二进制计数器,另外 3 个触发器构成异步五进制计数器。R_{0A} 和 R_{0B} 是清零输入端,S_{9A} 和 S_{9B} 是置"9"输入端,CP_0 和 CP_1 是两个时钟输入端,$Q_0 \sim$

Q_3 为计数器输出端。74LS290 的功能表见表 2.14.1。由此功能表可知:

①当 R_{0A} 和 R_{0B} 都为 1 时,4 个输出端 $Q_3Q_2Q_1Q_0$ 全为 0。

②当 S_{9A} 和 S_{9B} 全为 1 时,4 个输出端 $Q_3Q_2Q_1Q_0 = 1001$。

③当 $R_{0A} = R_{0B} = S_{9A} = S_{9B} = 0$ 时,将计数脉冲由 CP_0 输入,由 Q_0 输出二进制;将计数脉冲由 CP_1 输入,由 $Q_3Q_2Q_1$ 输出五进制;将 Q_0 与 CP_1 相连,计数脉冲由 CP_0 输入,则 $Q_3Q_2Q_1Q_0$ 输出为十进制(8421BCD 码)。

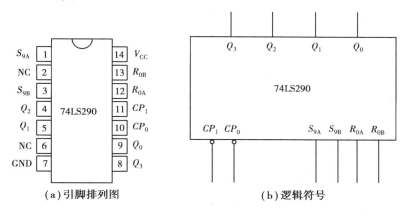

图 2.14.1　74LS290 型计数器引脚及逻辑符号

表 2.14.1　74LS290 型计数器的功能表

R_{0A}	R_{0B}	S_{9A}	S_{9B}	Q_3	Q_2	Q_1	Q_0
1	1	0	×	0	0	0	0
1	1	×	0	0	0	0	0
×	×	1	1	1	0	0	1
×	0	×	0	计		数	
0	×	0	×	计		数	
0	×	×	0	计		数	
×	0	0	×	计		数	

注:×表示可取任意值,即既可取 0 也可取 1。

74HC290、74HCT290 的逻辑功能和引脚图与 74LS290 完全相同。

2. 四位同步二进制计数器 74LS161

74LS161 是常用的四位二进制可预置的同步加法计数器,它可以灵活地运用在各种数字电路以及单片机系统中,实现分频器等诸多重要功能。74LS161 引脚排列如图 2.14.2 所示,逻辑符号如图 2.14.3 所示。该计数器具有清零和预置数功能。

(1)清零功能

清零端 $\overline{CR}$ 输入低电平,不受 CP 控制,输出端立即全部为"0"。

（2）同步置数功能

在 $\overline{CR}$ 输入高电平时，$\overline{LD}$ 输入低电平，在时钟共同作用下，CP 上跳后，D_3,D_2,D_1,D_0 输入端的数据将分别被 $Q_3 \sim Q_0$ 所接收。由于置数操作必须有 CP 脉冲上升沿相配合，故称为同步置数。

（3）保持功能

在 $\overline{CR}=\overline{LD}=1$ 的条件下，当 CT_T 和 CT_P 任意一个为低电平时，不管有无 CP 脉冲作用，计数器都将保持原有状态不变（停止计数）。

（4）同步二进制计数功能

当 $\overline{CR}=\overline{LD}=CT_T=CT_P=1$ 时，74LS161 处于计数状态，电路从 0000 状态开始，连续输入 16 个计数脉冲后，电路将从 1111 状态返回到 0000 状态，状态表见表 2.14.2。

（5）进位输出 CO

当计数控制端 $CT_T=1$，且触发器全为 1 时，进位输出为 1，否则为 0。

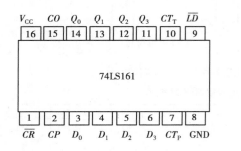

图 2.14.2　引脚排列图

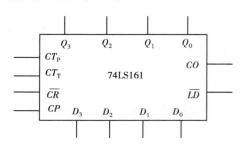

图 2.14.3　逻辑符号

表 2.14.2　74LS161 功能表

输入										输出			
$\overline{CR}$	$\overline{LD}$	CP	CT_P	CT_T	D_3	D_2	D_1	D_0		Q_3	Q_2	Q_1	Q_0
0	×	×	×	×			×			0	0	0	0
1	0	↑	×	×	d_3	d_2	d_1	d_0		d_3	d_2	d_1	d_0
1	1	↑	1	1			×			计		数	
1	1	×	0	×			×			保		持	
1	1	×	×	0			×			保		持	

74161 的逻辑功能和引脚图与 74LS161 完全相同。

3. 任意进制计数器的实现

（1）清零法

如将计数器适当改接，利用其清零端进行反馈置 0，可得出小于原进制的多种进制的计数器。用 $S_0,S_1,S_2,\cdots,S_N$ 表示输入 $0,1,2,\cdots,N$ 个计数脉冲 CP 时计数器的状态。N 进制计数器的计数工作状态应为 N 个：$S_0,S_1,S_2,\cdots,S_{N-1}$。在输入第 N 个计数脉冲 CP 后，通过控制电路,利用状态 S_N 产生一个有效置 0 信号,送给异步置 0 端,使计数器立刻置 0,即实现了 N 进制计数。

如图 2.14.4 所示为 74LS290 构成的七进制计数器。先将 74LS290 构成 8421BCD 码的 10 进制计数器;再用脉冲反馈法,R_{0A} 端接高电平,$Q_2Q_1Q_0$ 3 个输出端相与后接入 R_{0B} 端。计数器从 0000 开始计数,当出现 0111 状态时,计数器迅速复位到 0000 状态,然后又开始从 0000 状态计数,从而实现 0000~0110 七进制计数。0111 这一状态转瞬即逝,不能显示出来。

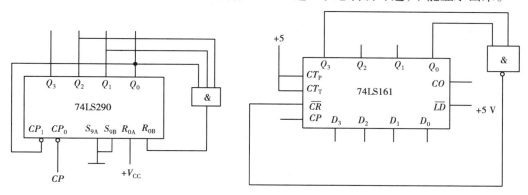

图 2.14.4　74LS290 构成的七进制计数器　　图 2.14.5　74LS161 构成的九进制计数器

同理可以设计出由 74LS161 采用清零法所构成的九进制计数器,如图 2.14.5 所示。

（2）置数法

下面介绍两种方法。

方法 1:采用进位端 CO 置数(图 2.14.6)。利用 74LS161 芯片的预置功能,可以实现 M 进制计数器($M<16$),$M=16-N$,其中 N 为预置数。例如要得到十三进制计数器,即预置数 $N=16-13=3$(二进制 0011),将预置数 0011 送到输入端 $D_3D_2D_1D_0$,计数器从 0011 开始计数,在 CP 脉冲的作用下一直计数到 1111,此时,从 CO 端输出 1,经过非门送 $\overline{LD}$ 端,呈置数状态,构成十三进制计数器。

方法 2:采用输出端和相应的门电路置数。在图 2.14.7 中,将预置数 0011 送到输入端 $D_3D_2D_1D_0$,计数器从 0011 开始计数,在 CP 脉冲的作用下一直计数到 1000,此时,从 Q_3 端输出 1,经过非门送 $\overline{LD}$ 端,呈置数状态,构成六进制计数器。

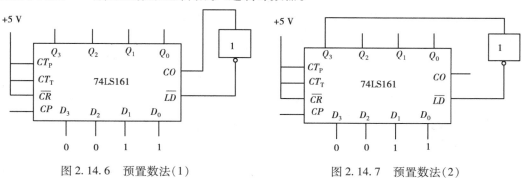

图 2.14.6　预置数法(1)　　　　图 2.14.7　预置数法(2)

4. 构成大容量计数器

以上介绍的是一片计数器工作的情况。在实际应用中,往往需要将多片计数器构成多位计数器。下面介绍计数器的级联方法。

(1)级联法

计数器的级联是将多个集成计数器(如 M1 进制、M2 进制)串接起来,以获得计数容量更大的 $N(=M1 \times M2)$ 进制计数器。

一般集成计数器都设有级联用的输入端和输出端。

异步计数器实现的方法:低位的进位信号连接高位的 CP 端。

(2)反馈清零法

如图 2.14.8 所示为利用两片 74LS290 构成的 23 进制加法计数器。具体方法:先将两片接成 8421BCD 码十进制的 74LS290 级联组成 $10 \times 10 = 100$ 进制异步加法计数器。再将状态"0010 0011"通过反馈与门输出至异步清零端,从而实现 23 进制计数器。

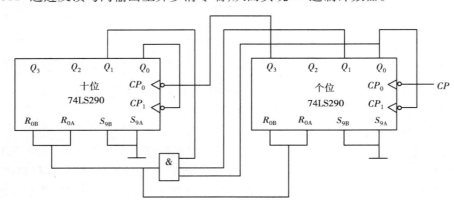

图 2.14.8　两片 74LS290 构成的 23 进制加法计数器

5. 译码和显示

(1)基于 GAL16V8 的译码器

通用阵列逻辑(GAL)是电擦除可编程逻辑器件,其功能比 PAL 更强,在输出端设置了多个可编程的逻辑宏单元(OLMC)。OLMC 是功能模块,它是由或门、D 触发器、数据选择器和一些门电路组成的控制电路。用户通过编程可将 OLMC 设置成多种工作模式,使 GAL 器件有多种功能的输出。

如图 2.14.9 所示为常用的 GAL16V8 芯片的外引脚排列图。引脚 2~9 只能做输入端;引脚 11 是输出使能输入端;引脚 12~19 由三态门控制,既可以作输入也可以作输出。

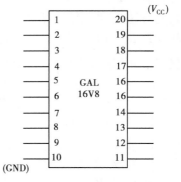

图 2.14.9　GAL16V8 芯片的外引脚排列图

(2)七段显示数码管

七段数码管一般由 8 个发光二极管组成,其中由 7 个细长的发光二极管组成数字显示,另外一个圆形的发光二极管显示小数点。当发光二极管导通时,相应的一个点或一个笔画发光。

控制相应的二极管导通,就能显示出各种字符,七段显示数码管有共阴极和共阳极两种形式,发光二极管的阳极连在一起的称为共阳极数码管;阴极连在一起的称为共阴极数码管(图2.14.10)。

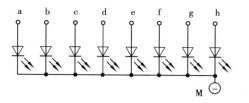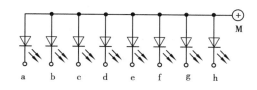

图 2.14.10　七段显示数码管逻辑图

(3)GAL16V8 的译码输出驱动数码管显示

在实验装置中,已经编程实现了 GAL16V8 的译码输出驱动数码显示的功能(图2.14.11),并且 GAL16V8 和数码管之间的电路已经连接好。实验中,只需要将计数器的输出端接GAL16V8 相应的输入端即可显示,如图2.14.12 所示。

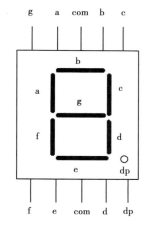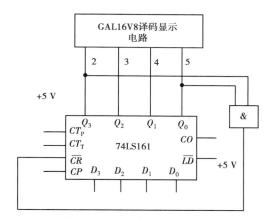

图 2.14.11　七段显示数码管引脚图　　　　图 2.14.12　译码显示电路

三、实验设备

序号	名称	型号与规格	数目	单位	备注
1	集成计数器芯片	74LS290、74LS161	各2	片	
2	双踪示波器	VP-5220D	1	台	
3	函数发生器	EE1641B1、SP1641B、DF1641B1	1	台	
4	数字电子技术实验台	KHD-2/天煌	1	套	
5	集成芯片	74LS00	1	片	
6	器件与导线	—	若干	根	

四、实验内容

1. 测试 74LS161N 的逻辑功能

（1）Multisim 仿真

在电路工作窗口画出电路原理图,在 Multisim 中选取 74LS161N 计数器,输入用 5 V 电源表示高电平,接地表示低电平,用单刀双掷开关选取输入,构建仿真电路图如图 2.14.13 所示。

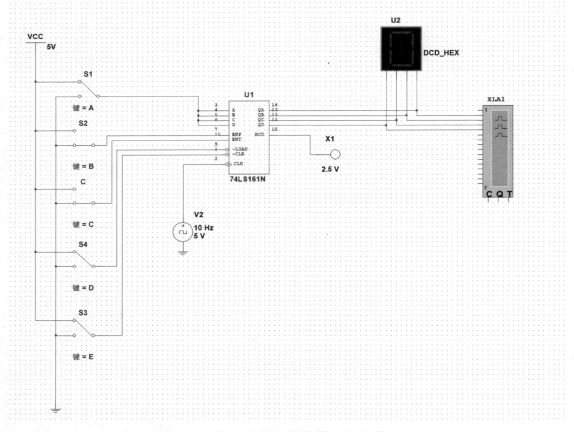

图 2.14.13　74LS161N 计数器 Multisim 仿真

①异步清零功能,CLR = 0,查看逻辑分析仪波形;74LS161 计数器异步清零功能 Multisim 仿真如图 2.14.14 所示。

②同步并行置数功能:CLR = 1,LOAD = 0,观察置数 0000 或 1111;74LS161 计数器同步并行置数功能 Multisim 仿真如图 2.14.15 所示。

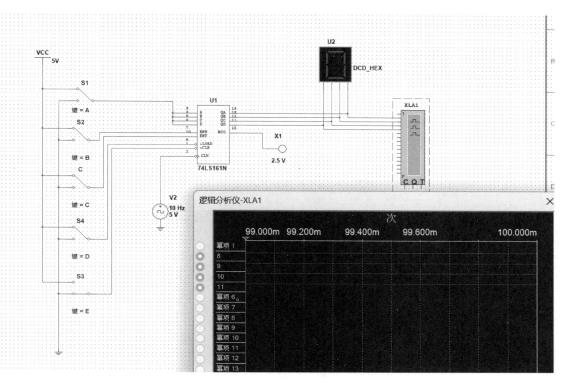

图 2.14.14　74LS161N 计数器异步清零功能 Multisim 仿真

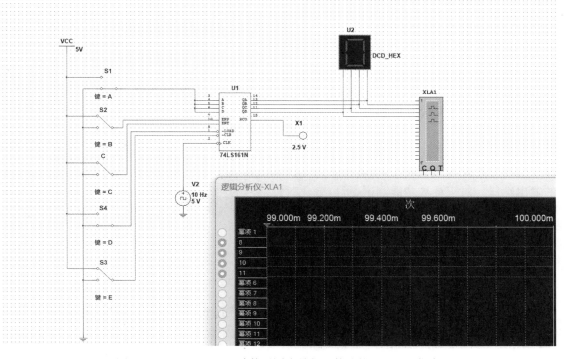

图 2.14.15　74LS161N 计数器同步并行置数功能 Multisim 仿真

③计数功能:CLR = LOAD = ENT = ENP = 1,时钟频率设为 5 Hz,观察七段字码显示和逻辑分析仪波形;74LS161N 计数器计数功能 Multisim 仿真如图 2.14.16 所示。

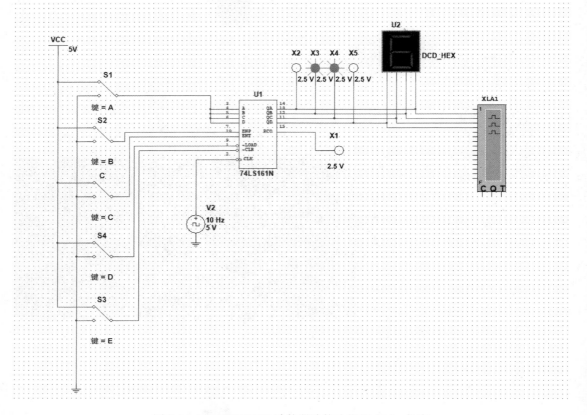

图 2.14.16　74LS161N 计数器计数功能 Multisim 仿真

④保持功能:CLR = LOAD = 1,ENT,ENP 至少有一个为 0,保持状态不变。74LS161N 计数器保持功能 Multisim 仿真如图 2.14.17 所示。

(2)实际操作

在实验板上使用连接线将 74LS161N 的时钟(CLK)输入引脚连接到适当的信号源(如脉冲发生器),使用连接线将 74LS161N 的使能(ENP 和 ENT)输入引脚连接到逻辑门集成电路的输出端口。对于计数功能测试,可以变化时钟信号的频率和使能信号的状态,以验证计数器的计数特性。对于复位功能测试,可以应用复位信号并观察计数器的复位行为,记录观察到的 74LS161N 的输出状态。

2. 测试 74LS290D 的逻辑功能

(1)Multisim 仿真

在电路工作窗口画出电路原理图,在 Multisim 中选取 74LS290D 计数器,输入用 5 V 电源表示高电平,接地表示低电平,用单刀双掷开关选取输入,构建仿真电路图如图 2.14.18 所示。

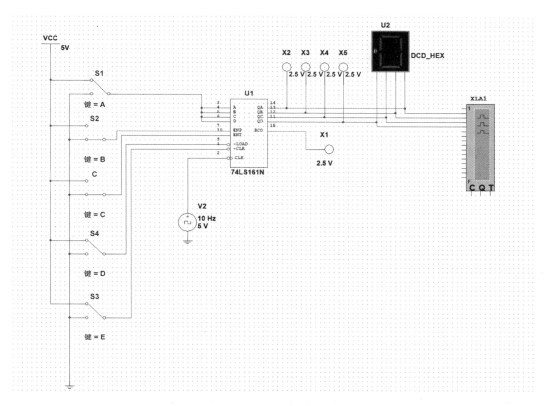

图 2. 14. 17　74LS161N 计数器保持功能 Multisim 仿真

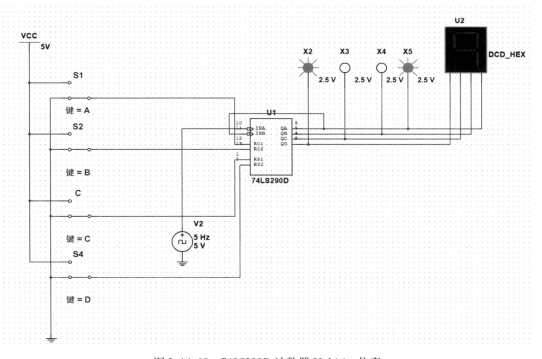

图 2. 14. 18　74LS290D 计数器 Multisim 仿真

①当 R_{01} 和 R_{02} 都为 1 时,四个输出端 $Q_A Q_B Q_C Q_D$ 全为 0(图 2.14.19)。

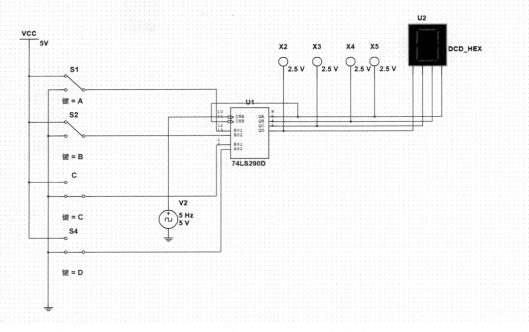

图 2.14.19　$R_{01} = R_{02} = 1$ 时的 74LS290D 计数器 Multisim 仿真

②当 R_{91} 和 R_{92} 全为 1 时,四个输出端 $Q_A Q_B Q_C Q_D = 1001$(图 2.14.20)。

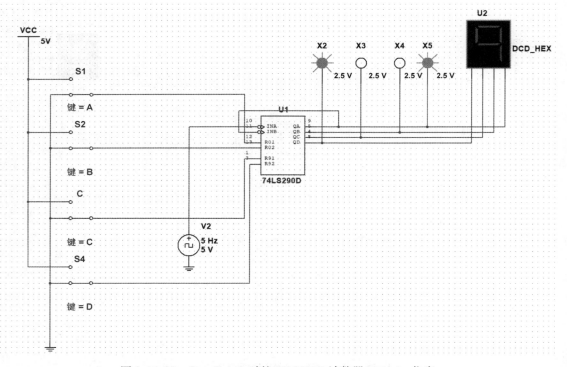

图 2.14.20　$R_{91} = R_{92} = 1$ 时的 74LS290D 计数器 Multisim 仿真

③当 $R_{01}=R_{02}=R_{91}=R_{92}=0$ 时,将计数脉冲由 CP_0 输入,由 Q_0 输出二进制;将计数脉冲由 CP_1 输入,由 $Q_3Q_2Q_1$ 输出五进制;将 Q_0 与 CP_1 相连,计数脉冲由 CP_0 输入,则 $Q_AQ_BQ_CQ_D$ 输出为十进制(8421BCD 码)(图 2.14.21—图 2.14.23)。

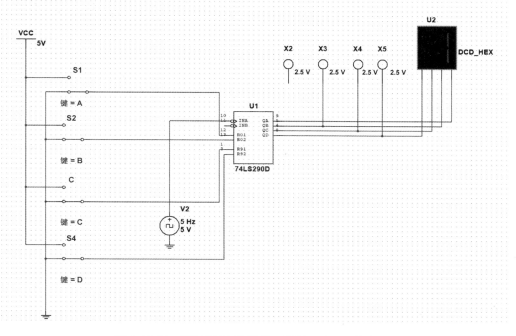

图 2.14.21　74LS290D 计数器二进制 Multisim 仿真

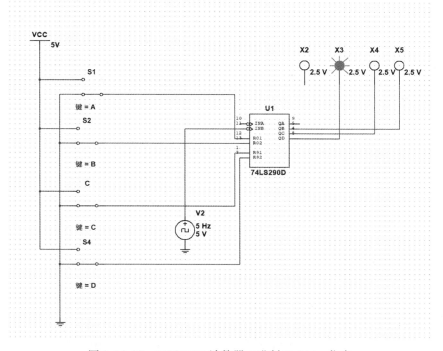

图 2.14.22　74LS290D 计数器五进制 Multisim 仿真

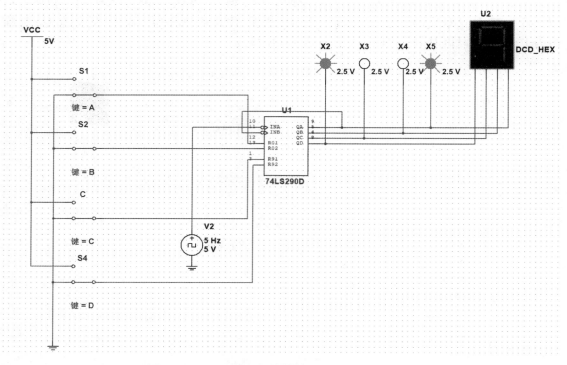

图 2.14.23　74LS290D 计数器十进制 Multisim 仿真

（2）实际操作

在实验板上连接 VCC 和 GND 引脚到电源和地；将按钮开关连接到 CLOCK 输入引脚；将 4 个 LED 指示灯分别连接到 Q_0 到 Q_3 输出引脚；如有需要，可以加上拉或下拉电阻。给电路通电，观察 LED 指示灯的状态。此时 LED 应该都熄灭；按下按钮开关，观察 LED 指示灯的变化，LED 应该依次被点亮，表示计数器正在递增；当计数达到 10 进制的 9 时（二进制 1001），所有 LED 都应该被点亮，继续按下按钮，计数器应该清零，重新从 0 开始计数，保持电路通电，按下按钮使计数器计数到某个值。给 RESET 引脚施加一个低电平信号（如连接到地）。观察 LED 指示灯是否全部熄灭，表示计数器是否已被复位。

3. 用 74LS161 异步清零方式设计 N 进制计数器

自行设计一个 N 进制计数器，观察七段字码显示，观察逻辑分析仪波形，截图写入报告中，如图 2.14.24 所示参考电路为异步清零方式的八进制计数器。

（1）Multisim 仿真

在电路工作窗口画出电路原理图，根据要设计的八进制计数器的需求，确定计数器的计数范围。在本例中，计数范围是从 000 到 111（0 到 7）。在 Multisim 中连接芯片的电源引脚（VCC 和 GND）到适当的电源电压。连接时钟输入：将时钟输入引脚（CLK）连接到时钟信号源。将异步清零输入引脚（CLR）连接到适当的电路以实现异步清零功能。在这种情况下，使用与或门将多个计数器的异步清零输入连接在一起，并将其输出连接到 CLR 引脚。使用计数器的输出引脚（Q_A、Q_B、Q_C、Q_D）作为八进制计数器的输出。每个输出引脚对应一个二进制位。根据需要，将输出使能引脚（OE）连接到适当的电路以实现输出的使能控制。如果不需要输出使能功能,可以将其连接到电源或地。

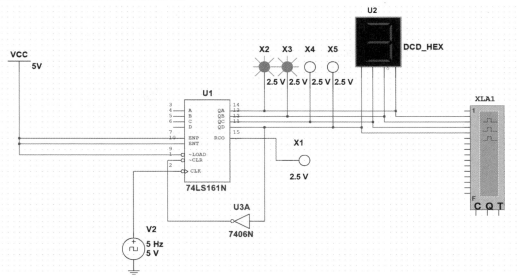

图 2.14.24　异步清零方式的八进制计数器 Multisim 仿真

（2）实际操作

分析八进制计数器的清零信号,画出由 74LS161N 实现的八进制电路。

在实验板上使用连接线将八进制计数器芯片的时钟（CLK）输入引脚连接到适当的信号源（如脉冲发生器）,使用连接线将八进制计数器芯片的异步清零（CLR）输入引脚连接到适当的信号源。根据实验需要,设置八进制计数器芯片的计数模式。可以使用连接线将模式选择引脚连接到逻辑门集成电路的输出端口。

应用适当的时钟信号和清零信号,观察八进制计数器的输出。对于计数功能测试,可以变化时钟信号的频率和计数模式的状态,以验证计数器的计数特性。对于清零功能测试,可以应用清零信号并观察计数器的清零行为。

4. 用 74LS161N 同步置数方式设计 N 进制计数器

自行设计一个 N 进制计数器,观察七段字码显示,观察逻辑分析仪波形,截图写入报告中,下面图 2.14.25 参考电路为同步置数方式的八进制计数器。

（1）Multisim 仿真

在电路工作窗口画出电路原理图,根据要设计的八进制计数器的需求,确定计数器的计数范围。在本例中,计数范围是从 000 到 111（0 到 7）。在 Multisim 中连接芯片的电源引脚（VCC 和 GND）到适当的电源电压。将时钟输入引脚（CLK）连接到时钟信号源。将置数输入引脚（LOAD）连接到适当的电路以实现同步置数功能。连接输出:使用计数器的输出引脚（Q_A、Q_B、Q_C、Q_D）作为 8 进制计数器的输出。每个输出引脚对应一个二进制位。将输出使能引脚（OE）连接到适当的电路以实现输出的使能控制。如果不需要输出使能功能,可以将其连接到电源或地。

（2）实际操作

分析八进制计数器的置数信号,画出由 74LS161N 实现的八进制电路。

在实验板上选取计数器芯片 74LS161N,时钟输入会连接到一个时钟源,同步置数输入会连接到一个适当的信号源(例如开关或逻辑门的输出),使能输入会连接到适当的信号源。八进制计数器具有多个输出引脚,表示计数器的当前值。使用连接线将这些输出引脚连接到适当的负载(例如 LED、七段数码管等)。

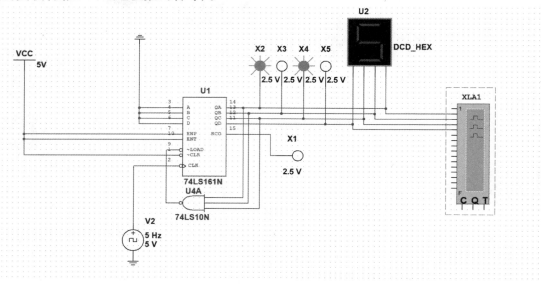

图 2.14.25 同步置数方式的八进制计数器 Multisim 仿真

设置初始值:根据需求,设置计数器的初始值。这可以通过设置适当的引脚电平或通过同步置数输入(P)的方式来实现。

模拟时钟脉冲:为计数器提供时钟脉冲。可以使用一个外部时钟源或通过手动操作开关来模拟时钟脉冲。

观察输出:观察计数器的输出引脚,它们将表示计数器的当前值。根据八进制计数器的特性,可以观察到十进制数字 0 到 7 的循环计数。

进行置数操作:通过改变同步置数输入(P)的状态,模拟置数操作。观察计数器是否在置数后正确显示相应的值。

5. 用 74LS290D 清零法构成八进制计数器

(1)Multisim 仿真

在电路工作窗口画出电路原理图,根据要设计的八进制计数器的需求,确定计数器的计数范围。在本例中,计数范围是从 000 到 111(0 到 7)。在 Multisim 中连接芯片的电源引脚(VCC 和 GND)到适当的电源电压。将 CP_0 连接到时钟信号源,CP_1 连接到 Q_A 端,Q_A,Q_B,Q_C,Q_D 分别连接到 2.5 V 的指示灯,选择一个与门,输入端连接 Q_D,输出连接到 R_{01},R_{02} 的清零端。74LS290D 清零法八进制计数器 Multisim 仿真如图 2.14.26 所示。

(2)实际操作

在实验板上 74LS290D 的 VCC 引脚连接到电源正极(+5 V),将其中一个按钮开关的一端连接到 74LS290D 的 CLOCK 输入引脚,将另一端连接到地线,作为时钟输入,将另一个按钮开关的一端连接到 74LS290D 的 RESET 输入引脚。将另一端连接到地线,作为复位输入,将 LED

指示灯的正极分别连接到 74LS290D 的 Q_A,Q_B,Q_C 和 Q_D 输出引脚,将 LED 的负极连接到地线,将 74LS290D 的 Q_A,Q_B,Q_C 和 Q_D 输出引脚分别连接到 74LS00 的 4 个输入引脚,将 74LS00 的输出引脚连接回 74LS290D 的 RESET 输入引脚。给电路通电,所有 LED 指示灯此时应该都熄灭。按下时钟输入按钮,观察 LED 指示灯的变化。LED 应该依次点亮,显示 0 到 7 的八进制数字。当计数 8 时,74LS00 的输出将变为低电平,触发 74LS290D 的复位,使计数器重新回到 0。继续按下时钟输入按钮,计数器将循环显示从 0 到 7 的八进制数字。按下复位输入按钮,可以随时将计数器复位回 0。

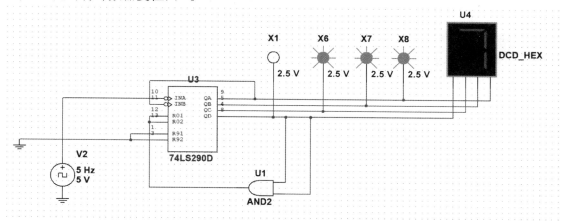

图 2.14.26 74LS290D 清零法八进制计数器 Multisim 仿真

6.(选作)用 74LS290 实现 12 分频、24 分频计数器

CP 接实验装置上的连续脉冲信号,取频率 $f=1$ kHz 左右,并将该 CP 接双踪示波器的一个输入通道,计数器输出 Q 接双踪示波器的另一个输入通道,观察 CP 与输出 Q 的波形,记录显示的波形。

7.注意事项

①根据实验要求,正确连接计数器、译码器和七段数码管等元件。确保使用正确的导线和连接方式,并检查连接的准确性和紧固性。

②使用示波器、数字万用表或其他适当的测量工具,测量和观察计数器的输入和输出信号,以及七段数码管的显示和变化。

五、实验报告要求

①预习报告:复习计数器和译码显示的基本概念和原理,写出完整的实验步骤,包含相关实验电路图,记录实验数据的表格。

②实验过程记录:整理、记录实验现象及实验所得的有关波形。

③结果处理及分析:对实验结果进行分析并总结观察结果,包括计数器的计数特性、译码显示的输出状态等。

④回答思考题①。

⑤总结分析在本实验过程中遇到的问题以及处理方法。

六、思考题

①异步清零和同步置数方式中,同为八进制时,为什么翻转信号一个为 1000,一个为 0111?

②74LS290 作为 5421 码输出时,按 $Q_3Q_2Q_1Q_0$ 排列,则结果怎样? 如果输出 $Q_0Q_3Q_2Q_1$ 接译码、显示电路输入 DCBA 端,能否显示 1 到 9,为什么?

③能否用 74LS161 实现从 1 到 9 计数的计数器? 如果可以,如何实现。

实验 **15**

智力抢答器

一、实验目的

①使用数字电路中的 D 触发器、分频电路、多谐振荡器、CP 时钟脉冲源等单元电路设计一个可供 4 人用的智力竞赛抢答器。当有某一参赛者首先按下抢答开关时,相应指示灯亮,此时抢答器不再接收其他输入信号。

②扩展部分。此电路具有回答问题时间控制功能,要求回答问题时间小于 100 s,时间显示采用倒计时方式,当限定时间到达时,发出声响以示警告。

二、实验原理

智力竞赛抢答装置原理图如图 2.15.1 所示。

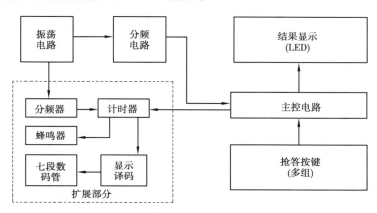

图 2.15.1 智力抢答器装置原理图

抢答电路主要功能包括两个：一是能分辨出选手按键的先后，二是要使其他选手的按键操作无效，左侧为 4 个按钮，是 4 个选手所按的按键，平时是低电平，按下为高电平。中间连接一个 74175N，为一个四 D 触发器，其 4 个 Q_n 分别连接 4 个 LED 灯，其一般情况保持为低电平。LED 灯保持为灭的状态。S_5 为控制清零的按键。右下角是由 555 定时器组成的多谐振荡器，其频率大概在 1 kHz，在其上面是由 7474N 组成的四分频电路。

其原理为：当主持人控制开关 S_5 处于"清除"状态时，74175N 不工作，输出端全为低电平，每个都灯不亮；当主持人控制开关 S_5 处于"开始"状态时，74175N 处于工作状态。$S_1 \sim S_4$ 代表选手，当有人按下键时，对应 D 输入接受信号，相应输出 Q 变为高电平，则其连接的灯亮，$\overline{Q}$ 此时为 0，而此时原本 74LS20 的输出为 0 变为 1，经过非门输入到 74LS00D，使得 74LS00D 的输出为 0，即 74175N 的 CP 信号变为 0，被封锁，不再接受其他信号，其他选手不能通过按键点亮灯，直到主持人再次清除信号为止（图 2.15.2）。

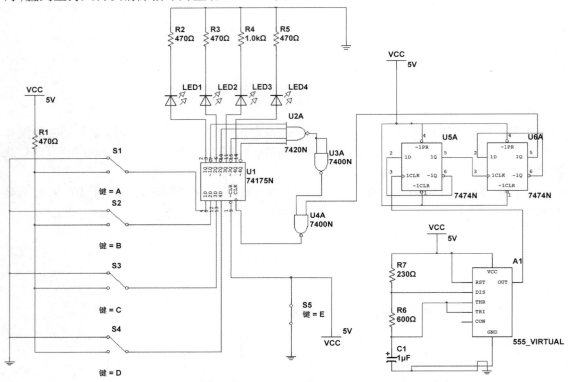

图 2.15.2　四人智力竞赛抢答器参考电路

三、实验设备

序号	名称	型号与规格	数目	单位	备注
1	双踪示波器	VP-5220D（或 DS1072U）	1	台	
2	数字实验箱（台）	DAM-Ⅱ（西科大）（或 KHD-2、KHM-2/天煌）	1	套	

续表

序号	名称	型号与规格	数目	单位	备注
3	芯片	74175N,74LS00,74LS20,7474N,555 定时器	各 1	片	
4	导线	—	若干	根	

四、实验内容

1. 抢答器

（1）Multisim 仿真

首先需要在器件库中的基础库中找到按键开关、LED,在 TTL 库中选择 74175N 元器件四 D 触发器和 74LS20 四输入与双输入 74LS00 与非门、连接电路如图 2.15.3 所示,在左侧可加入方波,点击仿真按钮,即可得到结果。

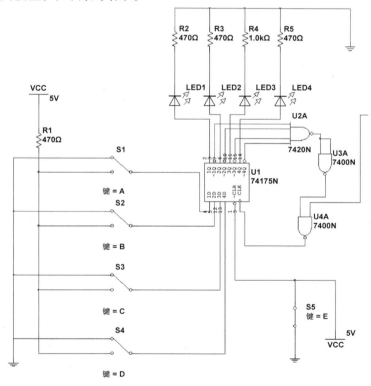

图 2.15.3　四人智力竞赛抢答器电路

（2）实际操作

按照图 2.15.3 连接电路图,使用清零信号进行清零,分别对 1~4 号按键进行测试,看对应的 LED 灯显示是否正常。

2. 分频电路实验验证一

（1）Multisim 仿真

在电路工作窗口画出电路原理图，在 TTL 库中选择两个 7474N 触发器，按照图 2.15.4 进行连接，点击仿真按钮，即可得到结果，观察输入和输出波形的关系。

（2）实际操作

按照如图 2.15.4 所示连接电路图，输入信号波，点击仿真按钮，即可得到结果，观察输出信号是否与仿真结果一致，达到二分频的效果。

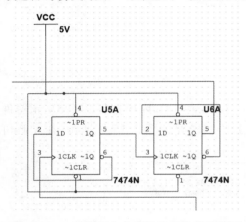

图 2.15.4　四人智力竞赛抢答器仿真电路图

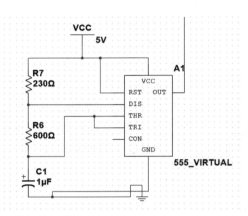

图 2.15.5　振荡电路图

3. 分频电路

（1）Multisim 仿真

在电路工作窗口画出电路原理图，在所有组中找到 555 定时器，在基础库中找到电阻和电容，按照电路图 2.15.5 连接，观测输出结果波形是否为方波。

（2）实际操作

按照图 2.15.5 连接电路图，点击仿真按钮，即可得到结果，观察输出信号是否与仿真结果一致，是否达到振荡电路的目的。

4. 拓展电路实验验证

（1）Multisim 仿真

在电路工作窗口画出电路原理图，在 TTL 库中找到 74LS160D 十进制计数器 8-3 编码器、74LS148D 和 74LS04D 非门，在 indicators 库中找到数码管，并按照电路图 2.15.6 连接。作用是验证选手按下后显示数字是否对应。

（2）实际操作

按照电路图 2.15.6 所示连接，分别对 1～4 号按键进行测试，观察对应的数码管是否显示对应的数字。

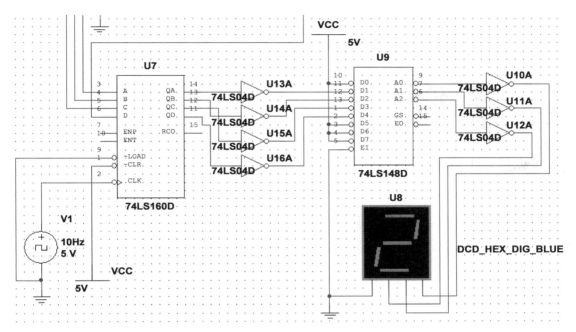

图 2.15.6 振荡电路图

5. 注意事项

①在使用抢答器时,请确保所有电源线接线正确,以免短路或电路故障。

②启动时需要对整个电路进行清零处理,避免影响输出结果。

五、实验报告要求

①预习报告:分析按下对应按键会产生的结果,写出完整的实验步骤,记录并说明设计和实验时出现的有关问题。

②实验过程记录:记录实验所用的器件,并记录实际操作电路产生的结果。

③结果处理及分析:根据实验结果与理论结果对比,并对实验结果进行分析,分析造成结果的原因。

④回答思考题②。

⑤总结分析在本实验过程中遇到的问题以及处理方法。

六、思考题

①当 CP 脉冲频率较低时,多人抢答会出现什么错误现象? 如何克服这一现象?

②设计一个八人抢答器,画出参考电路图。

实验 **16**

简易电子秒表设计

一、实验目的

①掌握多片集成计数器的连接方式。
②触发器、单稳态触发器、时钟发生器及计数、译码显示电路的综合应用。
③熟悉数字系统的调试方法。

二、实验原理

如图 2.16.1 所示为电子秒表的原理参考图,按功能可分成 3 个单元电路进行分析。

1.计数器及译码显示

图 2.16.1 中单元 I 为计数单元,本实验选用 74LS290 异步二-五-十进制加法计数器,该计数器的逻辑功能在实验 14 中已做过详细的介绍。如图 2.16.1 所示,计数器 74LS290(1)和计数器 74LS290(2)都接成 8421 码十进制形式,其输出端与实验装置上 GAL16V8 译码显示单元的相应输入端连接,可显示 0.1～9.9 s 计时。

2.基本 RS 触发器

图 2.16.1 中单元 II 为用集成与非门构成的基本 RS 触发器。基本 RS 触发器在电子秒表中的职能是启动和停止秒表的工作。属于低电平直接触发的触发器,有直接置位、复位的功能。它的一路输出 $\bar{Q}$ 作为单稳态触发器的输入信号;另一路输出 Q 作为与非门 5 的输入控制信号。按动按钮开关 K_2(接地),则门 1 输出 $\bar{Q}=1$;门 2 输出 $Q=0$,K_2 复位后 Q、$\bar{Q}$ 状态保持不变。再按动按钮开关 K_1,则 Q 由 0 变为 1,门 5 开启,为计数器启动作好准备。$\bar{Q}$ 由 1 变 0,送出负脉冲,启动单稳态触发器工作。

3. 单稳态触发器

图 2.16.1 中单元Ⅲ为集成与非门构成的微分型单稳态触发器。单稳态触发器在电子秒表中的职能是为计数器提供清零信号。

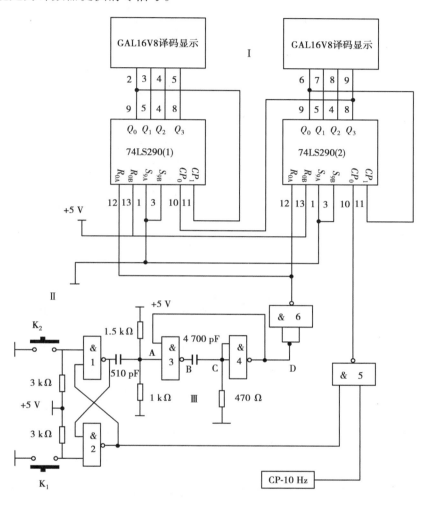

图 2.16.1　电子秒表原理图

单稳态触发器的输入触发负脉冲信号由基本 RS 触发器 $\overline{Q}$ 端提供,输出负脉冲通过非门加到计数器的清除端 R_0。静态时,门 4 应处于截止状态,故电阻 R 必须小于门的关门电阻,定时元件 RC 取值不同,输出脉冲宽度也不同。当触发脉冲宽度小于输出脉冲宽度时,可省去输入微分电路的电容 C_P 和电阻 R_P。

4. 电子秒表的整体测试

各单元电路测试正常后,按图 2.16.1 把几个单元电路连接起来,进行电子秒表的总体测试。

先按一下按钮开关 K_2，此时电子秒表不工作，再按一下按钮开关 K_1，则计数器清零后便开始计时，观察数码管显示计数情况是否正常，如不需要计时或暂停计时，按一下开关 K_2，计时立即停止，但数码管保留所计时的值。

三、实验设备

序号	名称	型号与规格	数目	单位	备注
1	集成芯片	74LS290、74LS00	各2	片	
2	双踪示波器	VP-5220D	1	台	
3	函数发生器	EE1641B1、SP1641B、DF1641B1	1	台	
4	数字电子技术实验台	KHD-2/天煌	1	套	
5	万用表	DT-9205	1	片	
6	器件与导线	—	若干	根	

四、实验内容

1. 计数器功能测试

（1）Multisim 仿真

在电路工作窗口画出电路原理图，在基础库中找到开关、信号发生器，在 indicators 库中找到数码管，在 TTL 库中找到 74LS290D 计数器，并按照电路图 2.16.2 连接，开始仿真并对其引脚进行功能测试。

（2）实际操作

按照电路图 2.16.2 连接并检查电路是否正确，连接无误后对使能接口输入不同的值，对其输出结果进行分析计数器功能。

2. 100 制计数器测试

（1）Multisim 仿真

在电路工作窗口画出电路原理图，在基础库中找到开关、信号发生器，在 indicators 库中找到数码管，在 TTL 库中找到 74LS290D 计数器，将两片计数器相连，构成 100 进制计数器，如图 2.16.3 所示。其中 S_1 和 S_2 为逻辑开关，CP 为时钟脉冲，频率 10 Hz，进行逻辑功能测试。开始仿真并对其功能测试。

（2）实际操作

按照电路图 2.16.3 连接并检查电路是否正确，连接无误后，对其输出结果进行分析。

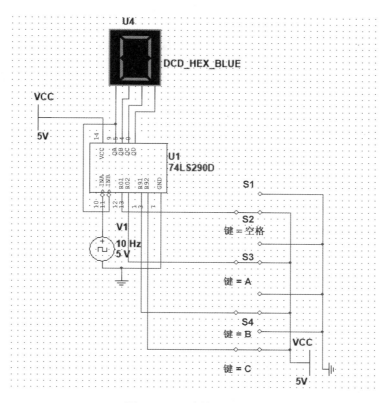

图 2.16.2　计数器测试图

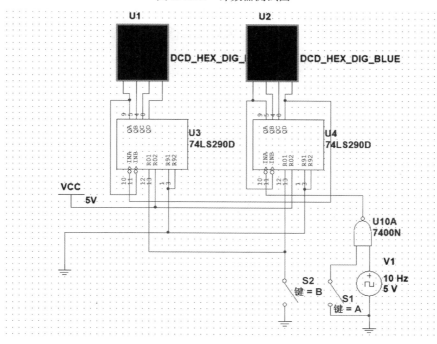

图 2.16.3　100 进制计数器原理图

3.基本 RS 触发器的测试

（1）Multisim 仿真

在电路工作窗口画出电路原理图，在基础库中找到电源、电阻和开关等器件，按照电路图 2.16.4 连接构成 RS 触发器，检查电路是否无误，无误后运行仿真，对器件功能进行分析。

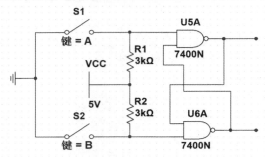

图 2.16.4　RS 触发器原理图

（2）实际操作

按照电路图 2.16.4 连接并检查电路是否正确，连接无误后，采用不同输入对其输出结果的变化进行分析。

4.单稳态触发器的测试

（1）Multisim 仿真

在电路工作窗口画出电路原理图，在基础库中找到电源、电阻等器件，按照电路图 2.16.5 连接构成单稳态触发器，检查电路是否无误，无误后运行仿真，对触发器功能进行分析。

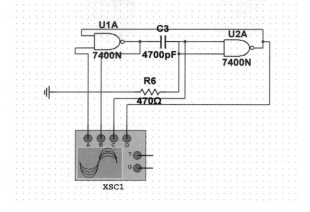

图 2.16.5　单稳态触发器原理图

（2）实际操作

按照电路图 2.16.5 连接并检查电路是否正确，连接无误后，采用不同输入对其输出结果的变化进行分析。并按照下面的方法进行功能测试。

①静态测试。

用万用表测量图 2.16.1 中 A、B、C、D 各点电位值，记入表 2.16.1 中。

表 2.16.1　静态测试数据

A	B	C	D

②动态测试。

输入端接 1 kHz 连续脉冲源,用示波器观察并描绘 C 点和 D 点波形,如嫌单稳输出脉冲持续时间太短,难以观察,可适当加大微分电容(如改为 0.1 μF),待测试完毕,再恢复 4 700PF。

5. 注意事项

①确保所有的逻辑门、触发器、计数器等元件的连接和参数设置正确,以保证电子秒表的功能正常,避免器件被损坏。

②在仿真过程中,注意时钟信号的稳定性和频率,以确保计时准确无误。

③对仿真结果进行验证,包括计时准确性、显示功能是否正常等方面。

五、实验报告要求

①预习报告:分析计数器、触发器、单稳态触发器、时钟发生器及计数、译码显示电路功能。写出完整的实验步骤,包含相关实验电路图,记录实验数据的表格。

②实验过程记录:记录实验所用的器件,并记录实际操作电路产生的结果,填写表 2.16.1。

③结果处理及分析:根据表 2.16.1 测量出各点的值,根据实验结果与理论结果对比,并对实验结果进行分析,分析造成结果的原因。

④回答思考题②。

⑤总结分析在本实验过程中遇到的问题以及处理方法。

六、思考题

①若对需要接入高电平的输入端悬空可以吗?

②要求设计一个 60 进制计数器,如用多片 74LS290 怎样设计电路?

实验 *17*
串行累加器的设计

一、实验目的

①掌握中规模四位双向移位寄存器逻辑功能及测试方法。
②研究由移位寄存器构成的环形计数器和串行累加器的工作原理。

二、实验原理

1. 移位寄存器

在数字系统中能寄存二进制信息,并进行移位的逻辑部件称为移位寄存器。移位寄存器按存储信息的方式划分有串入串出、串入并出、并入串出、并入并出 4 种形式;按移位方向划分有左移、右移两种。

移位寄存器应用很广,可构成移位寄存器型计数器、顺序脉冲发生器、串行累加器,可用作数据转换,即把串行数据转换为并行数据,或把并行数据转换为串行数据等。本实验研究移位寄存器用作环形计数器和串行累加器的情况。

本实验采用型号为 74LS194 的四位双向通用移位寄存器,其引脚排列如图 2.17.1 所示,D_A、D_B、D_C、D_D 为并行输入端;Q_A、Q_B、Q_C、Q_D 为并行输出端;S_R 为右移串行输入端;S_L 为左移串行输入端;S_1、S_0 为操作模式控制端;$\overline{CR}$ 为直接无条件清零端;CP 为时钟输入端。

寄存器有 4 种不同的操作模式:①并行寄存;②右移(方向由 Q_A 至 Q_D);③左移(方向由 Q_D 至 Q_A);④保持。S_1、S_0 和 $\overline{CR}$ 的作用见表 2.17.1。

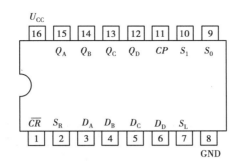

图 2.17.1　74LS194 引脚排列

表 2.17.1　74LS194 逻辑功能

CP	$\overline{CR}$	S_1	S_0	功能	Q_A、Q_B、Q_C、Q_D
×	0	×	×	清除	$\overline{CR}=0$，使 $Q_A Q_B Q_C Q_D =0$，寄存器正常工作时，$\overline{CR}=1$
↑	1	1	1	送数	CP 上升沿作用后，并行输入数据送入寄存器。$Q_A Q_B Q_C Q_D = D_A D_B D_C D_D$，此时串行数据（$S_R$、$S_L$）被禁止
↑	1	0	1	右移	串行数据送至右移输入端 S_R，CP 上升沿进行右移。$Q_A Q_B Q_C Q_D = D S_R Q_A Q_B Q_C$
↑	1	1	0	左移	串行数据送至左移输入端 S_L，CP 上升沿进行左移。$Q_A Q_B Q_C Q_D = Q_A Q_B Q_C Q S_L$
↑	1	0	0	保持	CP 作用后寄存器内容保持不变，$Q_A^D Q_B^D Q_C^D Q_D^D = Q_A Q_B Q_C Q_D$
↑	1	×	×	保持	$Q_A Q_B Q_C Q_D = Q_A^D Q_B^D Q_C^D Q_D^D$

2. 环形计数器

有时要求在移位过程中数据不要丢失，仍然保持在寄存器中。此时，只要将移位寄存器的最高位的输出接至最低位的输入端，或将最低位的输出接至最高位的输入端，即将移位寄存器的首尾相连就可实现上述功能。这种寄存器称为循环移位寄存器，它也可以作为计数器用，称为环形计数器。

把移位寄存器的输出反馈到它的串行输入端，就可以进行循环移位，如图 2.17.2（a）所示的四位寄存器中，把输出 Q_D 和右移串行输入端 S_R 相连接，设初始状态 $Q_A Q_B Q_C Q_D =$ 1 000，则在时钟脉冲作用下 $Q_A Q_B Q_C Q_D$ 将依次变为 0100→0010→0001→1000→0100→…，其波形如图 2.17.2（b）所示。可见它是一个具有 4 个有效状态的计数器。图 2.17.2（a）所示电路可以由各个输出端输出在时间上有先后顺序的脉冲，因此也可作为顺序脉冲发生器。

3. 全加器

在实验 11 中已介绍过全加器的逻辑功能及设计方法。两个二进制数相加，并要考虑来自低位的进位时，就要采用全加器。本实验选用集成全加器 74LS183，其内部包含两个全加器，如图 2.17.3 所示。A_i，B_i 为两个待加数，C_{i-1} 为来自低位的进位，这 3 个数相加，得出本位和数 S_i 和进位数 C_i。

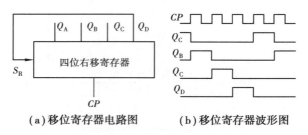

（a）移位寄存器电路图　　　　（b）移位寄存器波形图

图 2.17.2　移位寄存器实现循环移位

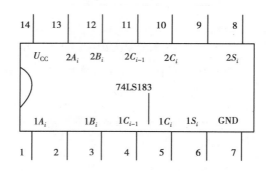

图 2.17.3　全加器 74LS183 引脚图

4. 串行累加器

串行累加器是由移位寄存器和全加器组成的一种求和电路，它的功能是将本身寄存的数和另一个输入的数相加，并存放在累加器中。

图 2.17.4 所示为串行累加器原理图。设开始时，被加数 $A = A_{N-1}\cdots A_0$ 和加数 $B = B_{N-1}\cdots B_0$ 已分别存入 $N+1$ 位累加移位寄存器和加数移位寄存器中。进位触发器已被清零。

当第一个时钟脉冲到来之前，全加器各输入、输出情况为

$$A_n = A_0 \text{、} B_n = B_0 \text{、} C_{n-1} = 0 \text{、} S_n = A_0 + B_0 + 0 = S_0 \text{、} C_n = C_0$$

在第一个 CP 脉冲到来后，S_0 存入累加和移位寄存器最高位，C_0 存入进位触发器 D 端，且两个移位寄存器中的内容都向右移动一位，此时全加器输出为

$$S_n = A_1 + B_1 + C_0 = S_1 \text{、} C_n = C_1$$

在第二个 CP 脉冲到来后，两个移位寄存器的内容又右移一位，此时全加器的输出为

$$S_n = A_2 + B_2 + C_1 = S_2 \text{、} C_n = C_2$$

如此顺序进行，到第 $N+1$ 个时钟脉冲后，不仅原先存入两个寄存器中的数已被全部移出，且 A、B 两个数相加的和及最后的进位 C_{n-1} 也被全部存入累加和移位寄存器中。若需继续累加，则加数移位寄存器中需再存入新的加数。

中规模集成移位寄存器，其位数往往以 4 位居多，当需要的位数多于 4 位，可把几块移位寄存器用级连的方法来扩展位数。

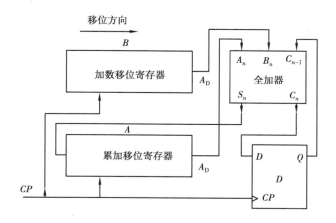

图 2.17.4 串行累加器原理

<h2>三、实验设备</h2>

序号	名称	型号	数目	单位	备注
1	集成芯片	74LS194	2	片	
2	集成芯片	74LS74、74LS183	各 1	片	
3	双踪示波器	VP-5220D	1	台	
4	函数发生器	EE1641B1、SP1641B、DF1641B1	1	台	
5	数字电子技术实验台	KHD-2/天煌	1	套	
6	万用表	DT-9205	1	片	
7	导线	—	若干	根	

<h2>四、实验内容</h2>

1. 测试移位寄存器 74LS194 的逻辑功能

（1）Multisim 仿真

在电路工作窗口画出电路原理图,在 TTL 库中找到 74LS194,在基础库中找到电源以及开关。按如图 2.17.5 操作方式接线,$\overline{CR}$、S_1、S_0、S_L、S_R、D_A、D_C、D_D 分别接逻辑开关输出插口,Q_A、Q_B、Q_C、Q_D 接实验装置上的逻辑电平输入插口的发光二极管,CP 接单次脉冲源,按表 2.17.3 所规定的输入状态,逐项进行测试。

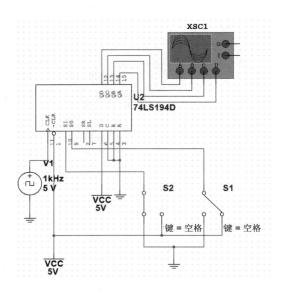

图 2.17.5　测试移位寄存器 74LS194 的逻辑功能

（2）实际操作

按照图 2.17.5 进行连接，对其检查连接是否无误，再对其功能进行测试并记录相关数据。

①清除。令 $\overline{CR}=0$，其他输入均为任意状态，这时寄存器输出 Q_A、Q_B、Q_C、Q_D 均为 0。清除功能完成后，置 $\overline{CR}=1$。

②送数。令 $\overline{CR}=S_1=S_0=1$，送入任意 4 位二进制数，如 $D_A D_B D_C D_D=abcd$，加 CP 脉冲，观察 $CP=0$、CP 由 0 变为 1、CP 由 1 变为 0 这 3 种情况下寄存器输出状态的变化，分析寄存器输出状态变化是否发生在 CP 脉冲上升沿，并记录，见表 2.17.2。

表 2.17.2　74LS194 逻辑功能测试

清除	模式		时钟	串行		输入				输出				功能总结
$\overline{CR}$	S_1	S_0	CP	S_L	S_R	D_A	D_B	D_C	D_D	Q_A	Q_B	Q_C	Q_D	
0	×	×	×	×	×	1	0	0	0	0	0	0	0	清零
1	1	1	↑	×	×	1	0	0	0	1	0	0	0	送数
1	0	1	↑	×	0	1	0	0	0	0	1	0	0	右移补 0
1	0	1	↑	×	0	1	0	0	0					
1	0	1	↑	×	0	1	0	0	0					
1	1	0	↑	1	×	1	0	0	0					
1	1	0	↑	1	×	1	0	0	0					
1	1	0	↑	1	×	1	0	0	0					
1	1	0	↑	1	×	1	0	0	0					
1	0	0	↑	×	×	1	0	0	0					

212

③右移。令 $\overline{CR}=1$、$S_1=0$、$S_0=2$，消零，或用并行送数字置寄存器输出。由右移输入端 S_R 送入二进制数码如 0010，由 CP 端连续加四个脉冲，观察输出端情况，并记录。

④左移。令 $\overline{CR}=1$、$S_1=1$、$S_0=0$，先清零或预置，由左移输入端 S_L 送入二进制数码如 1101，连续加 4 个 CP 脉冲，观察输出情况，并记录。

⑤保持。寄存器预置任意 4 位二进制数码 $abcd$。令 $\overline{CR}=1$、$S_1=0$、$S_0=0$，加 CP 脉冲，观察寄存器输出状态，并记录。

2. 环形计数器

（1）Multisim 仿真

在电路工作窗口画出电路原理图，将图 2.17.5 接线中 Q_D 与逻辑电平输入插口断开，S_R 与逻辑开关的接线断开，并将 Q_D 与 S_R 直接连接，其他接线均不变动，使其进行右移循环，点击运行仿真，通过数码显示观察寄存器输出端的变化，如图 2.17.6 所示。

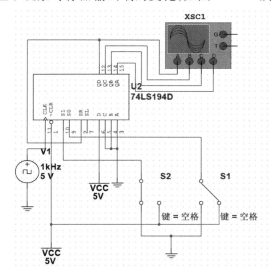

图 2.17.6　环形计数器

（2）实际操作

按照电路图所示连接，Q_D 与逻辑电平输入插口断开，S_R 与逻辑开关的接线断开，并将 Q_D 与 S_R 直接连接，其他接线均不变动，用并行送数法预置寄存器输出为某二进制数码（如 0010），使其向右循环，并将得到的结果记入表 2.17.3 中。

表 2.17.3　**寄存器状态**

CP	Q_A	Q_B	Q_C	Q_D
1	0	1	0	0
2	0	0	1	0
3	0	0	0	1
4	1	0	0	0

3. 串行累加运算

（1）Multisim 仿真

本实验两个移位寄存器选用两块 74LS194D 芯片，全加器利用一块全加器集成芯片 74LS183D 芯片，而 D 触发器用一块 74LS74D 芯片。在 TTL 库中找到 74LS194D、74LS183D、74LS74D 并按图 2.17.7 连接实验电路。$\overline{CR}$、S_1、S_0 接逻辑开关，CP 接单次脉冲源，两寄存器并行输入端 D_A-D_D 高电平时接逻辑开关（掷向"1"处），低电平时接地。两寄存器输出接实验装置上的逻辑电平输入插口的 LED 显示。

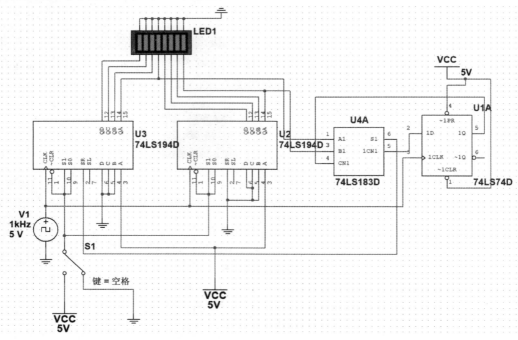

图 2.17.7　串行累加器参考电路

①D 触发器置零。使 74LS74D 的 $\overline{R_D}$ 端为低电平，再变为高电平。

②送数。令 $\overline{CR}=S_1=S_0=1$，用并行送数方法把 3 位加数（$A_2A_1A_0$）和 3 位被加数（$B_2B_1B_0$）分别送入累加和移位寄存器 A 和加数移位寄存器 B 中。然后进行右移，实现加法运算。

（2）实际操作

按照如图 2.17.7 所示连接，对其功能进行测试，在送数功能中，连续输入 4 个 CP 脉冲，观察两个寄存器输出状态变化，记入表 2.17.4 中。

表 2.17.4　寄存器状态

CP	B 寄存器				A 寄存器			
	Q_A	Q_B	Q_C	Q_D	Q_A	Q_B	Q_C	Q_D
0	0	0	1	1	0	0	1	1
1	0	0	0	1	0	0	0	1

CP	B 寄存器				A 寄存器			
	Q_A	Q_B	Q_C	Q_D	Q_A	Q_B	Q_C	Q_D
2	1	0	0	0	0	0	0	0
3	1	1	0	0	0	0	0	0
4	0	1	1	0	0	0	0	0

4. 注意事项

①确保时钟信号稳定:串行累加器通常需要时钟信号来同步数据输入和输出,确保时钟信号稳定且频率适当。

②注意信号延迟:考虑信号在器件之间传输的延迟,避免延迟导致的数据错位或传输错误。

<h2 style="text-align:center">五、实验报告要求</h2>

①预习报告:分析74LS179D、74LS183D 和 74LS74D 芯片的引脚以及对应的功能,写出完整的实验步骤,包含相关实验电路图,记录实验数据的表格。

②实验过程记录:在实验数据记录表格中填写实际接线操作时观测得到的数据,将结果填入相应的表 2.17.2—表 2.17.4。

③结果处理及分析:分析表 2.17.3 的实验结果,总结移位寄存器 74LS194 的逻辑功能。根据实验内容 2 的结果,画出四位环形计数器的波形图。分析串行累加运算所得结果的正确性。

④回答思考题①。

⑤总结分析在本实验过程中遇到的问题以及处理方法。

<h2 style="text-align:center">六、思考题</h2>

①在对 74LS194 进行送数后,若要使输出端改成另外的数码,是否一定要使寄存器清零?

②使寄存器清零,除采用 $\overline{CR}$ 输入低电平外,可否采用右移或左移的方法?

③若进行循环左移,图 2.17.4 接线应如何改装?

实验 *18*

555 时基电路及其应用

一、实验目的

①熟悉 555 型集成时基电路结构、工作原理及其特点。
②掌握 555 型集成时基电路的基本应用。

二、实验原理

集成时基电路又称为集成定时器或 555 电路,是一种数字、模拟混合型的中规模集成电路,能产生时间延迟和多种脉冲信号,应用十分广泛,由于内部电压标准使用了 3 个 5 kΩ 电阻,故取名为 555 电路。其电路类型有双极型和 CMOS 型两大类,几乎所有的双极型产品型号最后的 3 位数码都是 555 或 556;所有的 CMOS 产品型号最后 4 位数码都是 7555 或 7556,二者的结构与工作原理类似,逻辑功能和引脚排列也完全相同,易于互换。555 和 7555 是单定时器,556 和 7556 是双定时器。双极型的电源电压 V_{CC} = +5 ~ +15 V,输出的最大电流可达 200 mA,CMOS 型的电源电压为 +3 ~ +18 V。

1.555 电路的工作原理

555 电路的内部电路方框图如图 2.18.1 所示。它包含两个电压比较器,一个基本 RS 触发器,一个放电开关管 T,比较器的参考电压由 3 只 5 kΩ 的电阻器构成的分压器提供,分别使高电平比较器 A_1 的同相输入端和低电平比较器 A_2 的反相输入端的参考电平为 $\frac{2}{3}V_{CC}$ 和 $\frac{1}{3}V_{CC}$,A_1 与 A_2 的输出端则控制 RS 触发器状态和放电管开关状态。当从 6 脚输入信号,即高电平触发输入并超过参考电平 $\frac{2}{3}V_{CC}$ 时,触发器复位,555 的输出端 3 脚输出低电平,同时放电开关管导通;当从 2 脚输入信号并低于 $\frac{1}{3}V_{CC}$ 时,触发器置位,555 的 3 脚输出高电平,同时放电开关管截止。

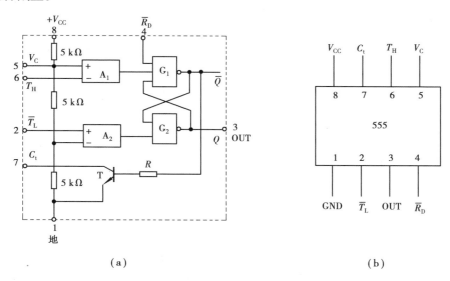

（a）　　　　　　　　　　　（b）

图 2.18.1　555 定时器内部框图及引脚排列

$\overline{R}_D$ 是复位端(4 脚),当 $\overline{R}_D=0$,555 输出低电平,平时 $\overline{R}_D$ 端开路或接 V_{CC}。

V_C 是控制电压端(5 脚),一般情况下输出 $\frac{2}{3}V_{CC}$ 作为比较器 A_1 的参考电平,当 5 脚外接一个输入电压,即改变了比较器的参考电平,从而实现对输出的另一种控制,在不接外加电压时,通常接一个 0.01 μF 的电容器到地,起滤波作用,以消除外来的干扰,确保参考电平的稳定。

T 为放电管,当 T 导通时,将给接于 7 脚的电容器提供低阻放电通路。

555 定时器主要是与电阻、电容构成充放电电路,并由两个比较器来检测电容器上的电压,以确定输出电平的高低和放电开关管的通断。这就很方便地构成从微秒到数十分钟的延时电路,可方便地构成单稳态触发器、多谐振荡器、施密特触发器等脉冲产生或波形变换电路。

2.555 定时器的典型应用

（1）单稳态触发器

图 2.18.2(a) 为由 555 定时器和外接定时元件 R、C 构成的单稳态触发器。当一个外部输入负脉冲触发信号 u_i 加到 2 端,并使 2 端电位瞬时低于 $\frac{1}{3}V_{CC}$ 时,低电平比较器动作,单稳态电路即开始一个暂态过程,电容 C 开始充电,U_C 按指数规律增长。当 U_C 充电到 $\frac{2}{3}V_{CC}$ 时,高电平比较器动作,比较器 A_1 翻转,输出 U_0 从高电平降至低电平,放电开关管 T 重新导通,电容 C 上的电荷很快经放电开关管放电,暂态结束,恢复稳态,为下一个触发脉冲的到来作好准备,波形图如图 2.18.2(b) 所示。

暂稳态的持续时间 t_w(即为延时时间)决定于外接元件 R、C 值的大小。

$$t_w = 1.1RC \qquad\qquad (2.18.1)$$

通过改变 R、C 的大小，可使延时时间在几微秒到几十分钟之间变化。

当这种单稳态电路作为定时器时，可直接驱动小型继电器，并可以使用复位端(4 脚)接地的方法来中止暂态，重新计时。此外，须用一个续流二极管与继电器线圈并接，以防继电器线圈反电势损坏内部功率管。

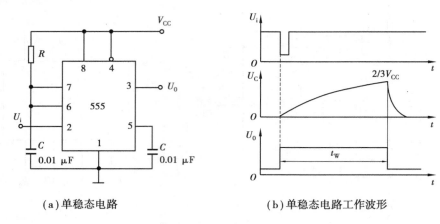

（a）单稳态电路　　　　　　　（b）单稳态电路工作波形

图 2.18.2　单稳态触发器

注：$R = 100\ \text{k}\Omega$，$C = 0.01\ \mu\text{F}$，$V_{CC} = +5\ \text{V}$。

（2）多谐振荡器

如图 2.18.3(a)所示，由 555 定时器和外接元件 R_1、R_2、C 构成多谐振荡器，脚 2 与脚 6 直接相连。电路没有稳态，仅存在两个暂稳态，电路也不需要外加触发信号，利用电源通过 R_1、R_2 向 C 充电，以及 C 通过 R_2 向放电端 C_t 放电，使电路产生振荡。电容 C 在 $\frac{1}{3}V_{CC}$ 和 $\frac{2}{3}V_{CC}$ 之间充电和放电，其波形如图 2.18.3(b)所示。输出信号的时间参数为

$$T = T_{W1} + T_{W2} \tag{2.18.2}$$

$$T_{W1} = 0.7(R_1 + R_2)C \tag{2.18.3}$$

$$T_{W2} = 0.7R_2C \tag{2.18.4}$$

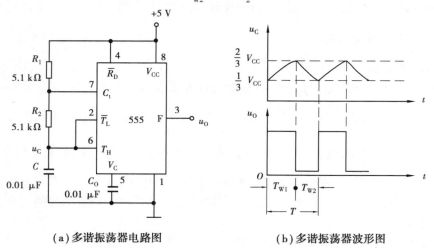

（a）多谐振荡器电路图　　　　　　　（b）多谐振荡器波形图

图 2.18.3　多谐振荡器

555 电路要求 R_1 与 R_2 均应大于或等于 1 kΩ,但 R_1+R_2 应小于或等于 3.3 MΩ。

外部元件的稳定性决定了多谐振荡器的稳定性,555 定时器配以少量的元件即可获得较高精度的振荡频率及具有较强的功率输出能力,因此这种形式的多谐振荡器应用很广。

（3）* 占空比可调的多谐振荡器

电路如图 2.18.4 所示,它比图 2.18.3 所示电路增加了一个电位器和两个导引二极管。VD_1、VD_2 用来决定电容充、放电电流流经电阻的途径（充电时 VD_1 导通,VD_2 截止;放电时 VD_2 导通,VD_1 截止）。

$$占空比 \quad P = \frac{T_{W1}}{T_{W1}+T_{W2}} \approx \frac{0.7R_A C}{0.7C(R_A+R_B)} = \frac{R_A}{R_A+R_B} \quad (2.18.5)$$

可见,若取 $R_A=R_B$ 电路即可输出占空比为 50% 的方波信号。

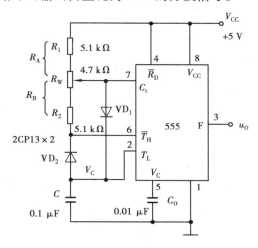

图 2.18.4　占空比可调的多谐振荡器

（4）* 占空比连续可调并能调节振荡频率的多谐振荡器

电路如图 2.18.5 所示。对 C_1 充电时,充电电流通过 R_1、VD_1、R_{W2} 和 R_{W1};放电时通过

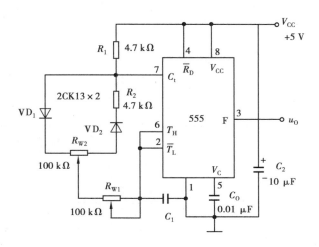

图 2.18.5　占空比与频率均可调的多谐振荡器

R_{W1}、R_{W2}、VD_2、R_2。当 $R_1 = R_2$,R_{W2} 调至中心点,因充放电时间基本相等,其占空比约为 50%,此时调节 R_{W1} 仅改变频率,占空比不变。如 R_{W2} 调至偏离中心点,再调节 R_{W1},不仅振荡频率改变,而且对占空比也有影响。R_{W1} 不变,调节 R_{W2},仅改变占空比,对频率无影响。因此,当接通电源后,应首先调节 R_{W1} 使频率至规定值,再调节 R_{W2},以获得需要的占空比。若频率调节的范围比较大,还可以用波段开关改变 C_1 的值。

(5)施密特触发器

电路如图 2.18.6 所示,只要将脚 2、6 连在一起作为信号输入端,即得到施密特触发器。图 2.18.7 所示为 u_s,u_i 和 u_O 的波形图。

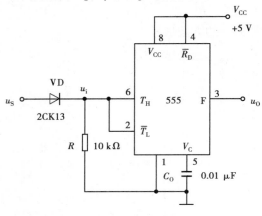

图 2.18.6　施密特触发器

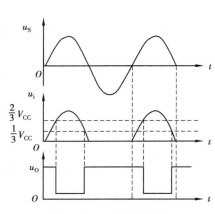

图 2.18.7　波形变换图

设被整形变换的电压为正弦波 u_s,其正半波通过二极管 VD 同时加到 555 定时器的 2 脚和 6 脚,得 u_i 为半波整流波形。当 u_i 上升到 $\frac{2}{3}V_{CC}$ 时,u_O 从高电平翻转为低电平;当 u_i 下降到 $\frac{1}{3}V_{CC}$ 时,u_O 又从低电平翻转为高电平。电路的电压传输特性曲线如图 2.18.8 所示。回差电压 $\Delta V = \frac{2}{3}V_{CC} - \frac{1}{3}V_{CC} = \frac{1}{3}V_{CC}$。

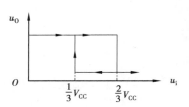

图 2.18.8　电压传输特性

三、实验设备

序号	名称	型号与规格	数目	单位	备注
1	双踪示波器	VP-5220D(或 DS1072U)	1	台	
2	函数发生器	EE1641B1(或 DG1022U)	1	台	
3	数字万用表	DT-9205(或 MY65)	1	片	
4	555 时基电路集成	NE555	2	片	

序号	名称	型号与规格	数目	单位	备注
5	数电实验箱(平台)	DAM-Ⅱ(西科大)(或 KHD-2)	1	套	
6	电阻、电容	—	若干	个	
7	导线	专用	40	根	

四、实验内容

1. 单稳态电路

（1）Multisim 仿真

在电路工作窗口画出电路原理图,在所有组中搜索 555,找到对应的 555 定时器,在基础库中找到电阻和电容,按照如电路图 2.18.9 所示连接,观测波形图。

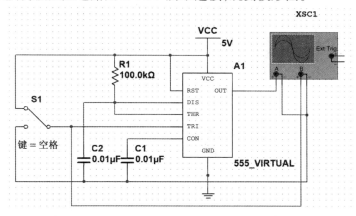

图 2.18.9　单稳态电路

（2）实际操作

按照图 2.18.9 所示操作方式连接,选择合适的电阻和电容的大小,并将其波形记录。

①按如图 2.18.2 所示操作方式连线,取 $R = 100$ K, $C = 47$ μF,输入信号 v_i 由单次脉冲源提供,用双踪示波器观测 u_i, u_C, u_O 波形。测定幅度与暂稳时间。

②将 R 改为 1 kΩ, C 改为 0.1 μF,输入端加 1 kHz 的连续脉冲,观测波形 u_i, u_C, u_O,测定幅度及暂稳时间。

2. 多谐振荡器电路

（1）Multisim 仿真

在电路工作窗口画出电路原理图,在所有组中搜索 555,找到对应的 555 定时器,在基础库中找到电阻和电容,按照如图 2.18.10 所示操作方式连接,观测波形图。

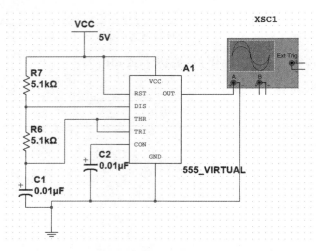

图 2.18.10　多谐振荡器电路

（2）实际操作

按照电路图所示连接，选择合适的电阻和电容的大小，并记录其波形。

①按图 2.18.3 接线，用双踪示波器观测 u_c 与 u_o 的波形，测定频率。

②按图 2.18.4 接线，组成占空比为 50% 的方波信号发生器。观测 U_C，U_O 波形，测定波形参数。

③按图 2.18.5 接线，通过调节 R_{W1} 和 R_{W2} 来观测输出波形。

3. 施密特电路

（1）Multisim 仿真

在电路工作窗口画出电路原理图，在所有组中搜索 555，找到对应的 555 定时器，在基础库中找到电阻和电容，按照电路图 2.18.11 连接，观测波形图。

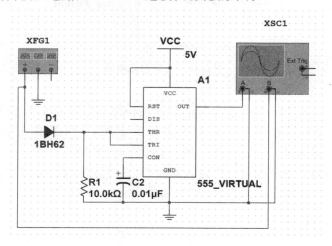

图 2.18.11　施密特电路

（2）实际操作

按照如图 2.18.11 所示操作方式连接，选择合适的电阻和电容的大小，并将其波形记录。

按如图 2.18.6 所示操作方式接线,输入信号由音频信号源提供,预先调好 U_s 的频率为 1 kHz,接通电源,逐渐加大 U_s 的幅度,观测输出波形,测绘电压传输特性,算出回差电压 ΔU。

4. 注意事项

①在设计定时器电路时,需要仔细考虑 555 定时器的工作模式(单稳态、双稳态等)以及相关元件的连接方式。

②确保电路中的元件连接正确,如电容、电阻的数值设置正确,以确保定时器电路能够按预期工作。

③在仿真过程中,注意观察 555 定时器的输出波形,包括高电平时间、低电平时间、周期等参数,并与理论值进行对比.

五、实验报告要求

①预习报告:分析 555 芯片的引脚以及对应的功能,写出完整的实验步骤,绘出详细的实验线路图。

②实验过程记录:记录实验所用的器件,并记录实际操作电路产生的结果。

③结果处理及分析:定量绘出观测到的波形,对得到数据的结果的原因进一步分析。

④回答思考题①。

⑤总结分析在本实验过程中遇到的问题以及处理方法。

六、思考题

①所设计单稳态触发器的触发信号是否要微分? 为什么?

②若单稳态触发器的脉宽为 $100~\mu s$,用上述多谐振荡输出作为触发信号,是否需要微分?

③如何用示波器测定施密特触发器的电压传输特性曲线?

实验 **19**

D/A、A/D 数据转换器

一、实验目的

①了解 D/A、A/D 芯片的管脚与接法。

②学习针对 D/A、A/D 的基本测试。

③掌握 D/A、A/D 的功能及用法。

二、实验原理

1. D/A 转换实验

①D/A0832 转换实验参考电路如图 2.19.1 所示。其中,DI0~DI7 为数字量输入端,输出量经过两级运放变成对应的模拟量从 V_0 端输出,其实验记录表见表 2.19.1。

表 2.19.1　D/A 转换实验记录表

D_i 输入								A 输出
D_7	D_6	D_5	D_4	D_3	D_2	D_1	D_0	V_0/V
0	0	0	0	0	0	0	0	
0	0	0	0	0	0	0	1	
0	0	0	0	0	0	1	1	
0	0	0	0	0	1	1	1	
0	0	0	0	1	1	1	1	
0	0	0	1	1	1	1	1	

续表

D$_i$ 输入								A 输出
0	0	1	1	1	1	1	1	
0	1	1	1	1	1	1	1	
1	1	1	1	1	1	1	1	

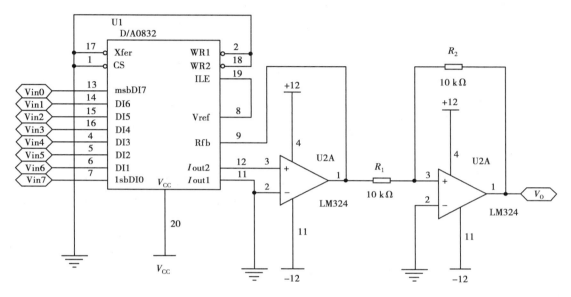

图 2.19.1　D/A0832 转换实验参考电路

②已知 DA7520 输入数字量与输出模拟量的关系见表 2.19.2,用图 2.19.2 验证其关系。

表 2.19.2　DA7520 输入数字量与输出模拟量的关系

输入数字量										输出模拟量
d_9	d_8	d_7	d_6	d_5	d_4	d_3	d_2	d_1	d_0	U_0
0	0	0	0	0	0	0	0	0	0	0
0	0	0	0	0	0	0	0	0	1	$-\dfrac{1}{1\,024}U_R$
					⋮					⋮
0	1	1	1	1	1	1	1	1	1	$-\dfrac{511}{1\,024}U_R$
1	0	0	0	0	0	0	0	0	0	$-\dfrac{512}{1\,024}U_R$
					⋮					⋮
1	1	1	1	1	1	1	1	1	0	$-\dfrac{1\,023}{1\,024}U_R$
1	1	1	1	1	1	1	1	1	1	$-\dfrac{1\,024}{1\,024}U_R$

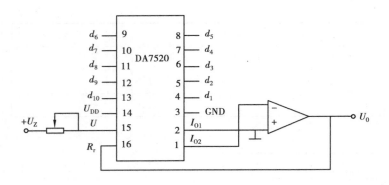

图 2.19.2　D/A7520 实验参考电路

2. A/D 转换实验

模数转换芯片常采用 A/D0804,其转换实验参考电路如图 2.19.3 所示,其中,V_{in} 为输入模拟量,$DB_0 \sim DB_7$ 为对应数字量,其实验记录表见表 2.19.3。

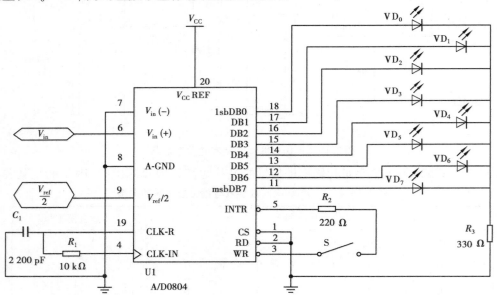

图 2.19.3　A/D 转换实验参考电路

表 2.19.3　A/D 转换实验记录表

V_{in}/V	VD_7	VD_6	VD_5	VD_4	VD_3	VD_2	VD_1	VD_0
0								
0.5								
1.0								
2.0								
2.5								

续表

V_{in}/V	VD$_7$	VD$_6$	VD$_5$	VD$_4$	VD$_3$	VD$_2$	VD$_1$	VD$_0$
3.0								
3.5								
4.0								
4.5								
5.0								

三、实验设备

序号	名称	型号与规格	数目	单位	备注
1	双踪示波器	VP-5220D（或 DS1072U）	1	台	
2	函数发生器	EE1641B1（或 DG1022U）	1	台	
3	数字万用表	DT-9205（或 MY65）	1	台	
4	集成芯片	D／A0832（或 AD7520）、A／D0804	各 1~2	片	
5	集成运放	LM324 等	2	台	
6	数电实验箱（平台）	DAM-Ⅱ（西科大）（或 KHD-2）	1	台	
7	电阻、电容	—	若干	个	
8	导线	专用	40	根	

四、实验内容

1. D／A 转换实验验证

（1）Multisim 仿真

在电路工作窗口画出电路原理图，在 mixed 库中找到 ADC 和 DCA 元器件。在 D／A 转换实验时，先关闭电源，按如图 2.19.4 所示操作方式连好线，检查电源已接好后，打开仿真。

（2）实际操作

按照电路图所示连接，检查电路无误后开启，按表 2.19.1 输入数据，用万用表（DT9205 或 MY65）电压档测各输入的模拟输出 U_0（V），并将输出结果填入相应的表中。

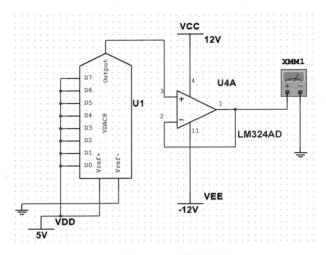

图 2.19.4　D/A 转换电路

2. D/A 转换实验验证

（1）Multisim 仿真

在 A/D 转换实验时，按如图 2.19.5 所示操作方式连线，检查无误后，打开仿真。

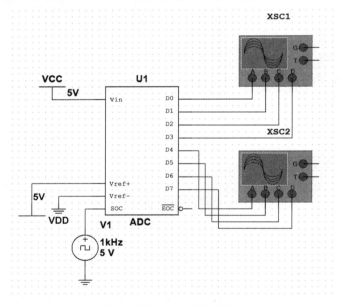

图 2.19.5　A/D 转换电路

（2）实际操作

按照图 2.19.3 所示连接，检查电路无误后开启，按表 2.19.3 输入数据，用万用表（DT9205 或 MY65）电压挡测各输入的模拟输出 U_0（V），并将测试结果填入相应的表中。

3. 注意事项

①选择合适的 A/D 和 D/A 转换器元件模型，并确保元件参数设置正确，以保证仿真结果

准确。

②对于 A/D 转换器,可以尝试调整采样率和输入信号频率,观察转换精度和动态范围的变化。

③对于 D/A 转换器,可以尝试调整输出电压范围和输出波形类型,观察输出信号的稳定性和准确性。

④在仿真过程中,注意观察电路中的电压、电流等参数,确保 A/D 和 D/A 转换器工作稳定可靠。

五、实验报告要求

①预习报告:分析 A/D 和 D/A 的功能以及实现方法,写出完整的实验步骤,绘出实验原理图。

②实验过程记录:记录实验所用的器件,根据实验测试数据,将结果填入相应的表 2.19.1—表 2.19.3。

③结果处理及分析:根据实验结果与理论结果对比,并对实验结果进行分析,分析造成结果的原因。

④回答思考题②。

⑤总结分析在本实验过程中遇到的问题以及处理方法。

六、思考题

①举例说明 D/A 的其他应用电路。

②举例说明 A/D 的其他应用电路。

附　录

附录 A
常用仪器仪表简介

一、DT-92 型数字万用表

DT-92 型数字万用表是电工、电子测量中常用的仪表之一。它操作方便、读数精确。功能齐全、体积小巧,具有自动校零,自动极性选择,低电池及超量程显示,开机 15 min 后自动关机等功能,显示方式为 $3\frac{1}{2}$ 位液晶数字显示,最大显示数字为"1999"。

DT-92 型数字万用表可测量直流电压、直流电流、交流电压电流、电阻、电容以及二极管的正向压降、三极管的参数及电路的通断等。

DT-92 型数字万用表的面板如图附录 A.1 所示,在使用万用表之前应首先检查 9 V 电池的电量,将"POWER"按钮按下,如果电池电量不足,会在显示屏左上方显示需更换电池。在测量前应将功能转换开关置于被测试量对应的位置,并选择对应的量程。

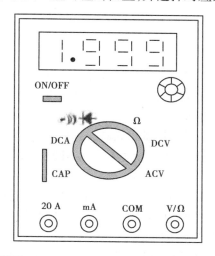

图附录 A.1　DT-92 型数字万用表面板示意图

(1)直流电压测量

首先将黑色表笔插入 COM 插孔,红色表笔插入"V/Ω"插孔。再将功能开关置于 DCV 量程范围,并将表笔并接在被测负载或信号源上,显示屏在显示电压读数时,同时指示红表笔的极性。

(2)交流电压的测量

首先将黑色表笔插入 COM 插孔,红色表笔插入"V/Ω"插孔。再将功能开关置于 ACV 量程范围,并将表笔并接在被测负载或信号源上。

在进行直流和交流的电压测量时,应注意以下几点:

①在测量之前不知被测电压的范围时,应将功能开关置于最高量程挡,然后逐步调低。

②当显示屏最高位显示"1"时,说明已经超过量程,需调高一挡,调挡时应切断输入电压。

③不要测量高于 600 V 有效值的电压,因为这时虽然有可能测出读数,但常常会损坏内部电路。

④特别注意在测量高电压时,避免接触到超高压电路。

(3)直流电流的测量

先将黑表笔插入 COM 插孔,当被测电流值在 200 mA 以下时,红表笔插入"A"插孔;如果被测电流值为 200 mA～20 A,则将红表笔移至"20 A"插孔。再将功能开关置于 DCA 量程范围,测试笔应串入被测电路中。在显示电流读数时,同时指示红表笔的极性。

(4)交流电流的测量

先将黑表笔插入 COM 插孔,当被测电流值在 200 mA 以下时,红表笔插入"A"插孔;如果被测电流值为 200 mA～20 A,则将红表笔移至"20 A"插孔。再将功能开关置于 ACA 量程范围,测试笔应串入被测电路中。

在进行直流和交流的电流测量时,应注意以下几点:

①在测量之前如果不知道被测电流值的范围时,应将功能开关置于高量程挡,然后逐步调低。

②当显示屏最高位显示"1"时,说明已经超过量程,需调高一挡进行测量。

③当被测量从"A"插孔输入,过载时会将内装的保险丝熔断,应予以更换,保险丝规格为0.2 A。

④"20 A"插孔内没有安装保险丝,测量时间应小于 15 s。

（5）电阻的测量

先将黑表笔插入 COM 插孔,红表笔插入"V/Ω"插孔(红表笔极性为"+")。再将功能开关置于 Ω 挡中所需的量程范围,将测试笔跨接在被测电阻上。

测量电阻时,应注意以下几点:

①当输入开路时,显示屏会显示过量程状态,最高位显示为"1"。

②当被测电阻在 1 MΩ 以上时,DT-92 型数字万用表需数秒后才能稳定读数,对于高电阻测量而言是正常的。

③检测在线电阻时,需要确认被测电路已关闭电源,同时将电容电荷放尽,才能进行测量。

④测量高阻值电阻时,应尽可能将电阻直接插入"V/Ω"和"COM"插口中,因为较长的电线在高阻抗测量时容易感应出干扰信号,使读数不稳。

⑤当功能开关置于 200 MΩ 挡,短路时将显示"10",测量时应从读数中减去。例如,测量100 MΩ 电阻时,显示数为"110",读数时应减去"10"。

（6）电容的测量

先将功能开关置于所需的 CAP 量程范围,接上电容器之前,显示器可以缓慢地自动校零。再把被测电容器直接插进电容器输入插孔(不用测试棒),对有极性的电容器要注意极性的连接。

测量电容时,应注意以下几点:

①测试单个电容器时,应把管脚插进位于面板左下方的两个插孔中(插进测试孔之前应将电容器的电荷放尽)。

②测试大电容时,在最后指示之前,时间将存在一定的滞后。

③不要把一个外部电压或已经充电的电容器(特别是大电容器)连接到测试端。

（7）晶体管参数测试

先将功能开关置于 h_{FE} 挡,再确定晶体三极管是 PNP 型还是 NPN 型,然后将被测管的 E、B、C 3 脚分别插入面板中对应的晶体二极管插孔内。此时显示屏显示的是 h_{FE} 近似值,测试条件为基极电流为 10 μA,V_{CE} 为 2.8 V。

（8）二极管测试

先将黑表笔插入 COM 插孔,红表笔插入"V/Ω"插孔(红表笔为万用表内部电路的"+"极)。再将功能开关置于二极管挡,将测试笔跨接在被测二极管上。

测试二极管时,应注意以下几点:

①当输入端接入(即开路)时,显示屏最高位显示过量程状态"1"。

②通过被测器件的电流为 1 mA 左右。

③显示值为正向压降的伏特值,当二极管反接时则显示过量程状态。

（9）通断连续测试

将黑表笔插入 COM 插孔,红表笔插入"V/Ω"插孔,再将功能开关置于" ⇥ "挡,将测试表笔接在需要检查电路的两端,若被检查两点之间的电阻值小于 30 Ω,蜂鸣器会发出声响。

注意当输入端接入(即开路)时,显示值为过量程状态。校测电路必须在切断电源状态下检查通断,因为任何负载信号将会使蜂鸣器发声导致错误判断。

二、RIGOL 公司 DG1022 双通道函数/任意波形发生器简介

DG1022 双通道函数/任意波形发生器使用直接数字合成(DDS)技术,可生成稳定、精确、纯净和低失真的正弦信号。它还能提供 5 MHz、具有快速上升沿和下降沿的方波。另外,还具有高精度、宽频带的频率测量功能。

DG1022 双通道函数/任意波形发生器有简单而功能明晰的前面板,如图附录 A.2 所示,后面板如图附录 A.3 所示。

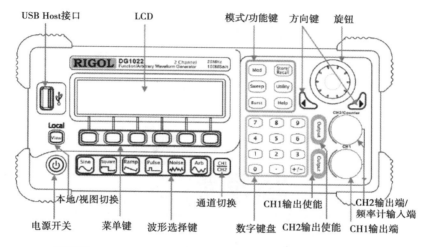

图附录 A.2 DG1022 双通道函数/任意波形发生器前面板图

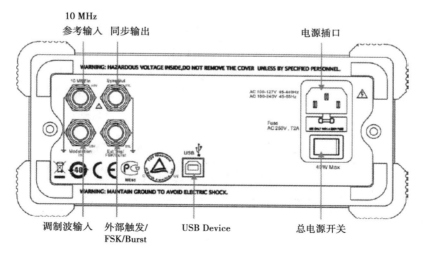

图附录 A.3 DG1022 双通道函数/任意波形发生器后面板图

DG1022 双通道函数/任意波形发生器提供了 3 种界面显示模式:单通道常规模式、单通道

图形模式及双通道常规模式,如图附录 A.4、图附录 A.5 和图附录 A.6 所示。这 3 种显示模式可通过前面板左侧的"Ｖiew"按键切换。用户可通过"CH1/CH2"来切换活动通道,以便于设定每通道的参数及观察、比较波形。

图附录 A.4　单通道常规显示模式

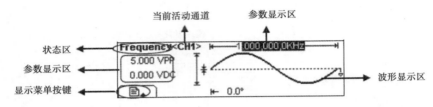

图附录 A.5　单通道图形显示模式

图附录 A.6　双通道常规显示模式

（1）正弦波设置

使用"Ｓine"按键,常规显示模式下,在屏幕下方显示正弦波的操作菜单,左上角显示当前波形名称。通过使用正弦波的操作菜单,对正弦波的输出波形参数进行设置。

设置正弦波的参数主要包括:频率/周期,幅值/高电平,偏移/低电平,相位。通过改变这些参数,得到不同的正弦波。如图附录 A.7 所示,在操作菜单中,选中"频率",光标位于参数显示区的频率参数位置,用户可在此位置通过数字键盘、方向键或旋钮对正弦波的频率值进行修改。

图附录 A.7　正弦波参数值设置显示界面

①按"Ｓine"→"频率/周期"→"频率",设置频率参数值。

屏幕中显示的频率为上电时的默认值,或者是预先选定的频率。在更改参数时,如果当前频率值对于新波形是有效的,则继续使用当前值。若要设置波形周期,则再次按"频率/周期"软键,以切换到"周期"软键(当前选项为反色显示)。

使用数字键盘,直接输入所选参数值,然后选择频率所需单位,按下对应于所需单位的软键。也可以使用左右键选择需要修改的参数值的数位,使用旋钮改变该数位值的大小。

②按"Sine"→"幅值/高电平"→"幅值",设置幅值参数值。

屏幕显示的幅值为上电时的默认值,或者是预先选定的幅值。在更改参数时,如果当前幅值对于新波形是有效的,则继续使用当前值。若要使用高电平和低电平设置幅值,再次按"幅值/高电平"或者"偏移/低电平"软键,以切换到"高电平"和"低电平"软键(当前选项为反色显示)。

使用数字键盘或旋钮,输入所选参数值,然后选择幅值所需单位,按下对应于所需单位的软键。

③按"Sine"→"偏移/低电平"→"偏移",设置偏移电压参数值。

屏幕显示的偏移电压为上电时的默认值,或者是预先选定的偏移量。在更改参数时,如果当前偏移量对于新波形是有效的,则继续使用当前偏移值。

使用数字键盘或旋钮,输入所选参数值,然后选择偏移量所需单位,按下对应于所需单位的软键。

④按"Sine"→"相位",设置起始相位参数值。

屏幕显示的初始相位为上电时的默认值,或者是预先选定的相位。在更改参数时,如果当前相位对于新波形是有效的,则继续使用当前偏移值。

使用数字键盘或旋钮,输入所选参数值,然后选择单位。

此时按"View"键切换为图形显示模式,查看波形参数。

(2)方波设置

使用"Square"按键,常规显示模式下,在屏幕下方显示方波的操作菜单。通过使用方波的操作菜单,对方波的输出波形参数进行设置。

设置方波的参数主要包括:频率/周期,幅值/高电平,偏移/低电平,占空比,相位。通过改变这些参数,得到不同的方波。如图附录 A.8 所示,在软键菜单中,选中"占空比",在参数显示区中,与占空比相对应的参数值反色显示,用户可在此位置对方波的占空比值进行修改。

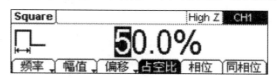

图附录 A.8　方波参数值设置显示界面

按"Square"→"占空比",设置占空比参数值。屏幕中显示的占空比为上电时的默认值,或者是预先选定的数值。在更改参数时,如果当前值对于新波形是有效的,则使用当前值。

使用数字键盘或旋钮,输入所选参数值,然后选择占空比所需单位,按下对应于所需单位的软键,信号发生器立即调整占空比,并以指定的值输出方波。

（3）锯齿波设置

使用"Ramp"按键,常规显示模式下,在屏幕下方显示锯齿波的操作菜单。通过使用锯齿波形的操作菜单,对锯齿波的输出波形参数进行设置。

设置锯齿波的参数包括:频率/周期、幅值/高电平、偏移/低电平、对称性、相位。通过改变这些参数得到不同的锯齿波。如图附录 A.9 所示,在软键菜单中选中"对称性",与对称性相对应的参数值反色显示,用户可在此位置对锯齿波的对称性值进行修改。

图附录 A.9　锯齿波形参数值设置显示界面

按"Ramp"→"对称性",设置对称性的参数值。屏幕中显示的对称性为上电时的值,或者是预先选定的百分比。在更改参数时,如果当前值对于新波形是有效的,则使用当前值。

使用数字键盘或旋钮,输入所选参数值,然后选择对称性所需单位,按下对应于所需单位的软键。信号发生器立即调整对称性,并以指定的值输出锯齿波。

此外,DG1022 双通道函数/任意波形发生器还可以设置脉冲波、噪声波等。

三、RIGOL 公司 DS1000 系列数字示波器简介

该系列产品是一款高性能指标、经济型的数字示波器。用户面板设计清晰直观,完全符合传统仪器的使用习惯,方便用户操作。为加速调整,便于测量,可以直接使用"AUTO"键,将立即获得适合的波形显示和挡位设置。

DS1000U 系列数字示波器向用户提供简单而功能明晰的面板,如图附录 A.10 和图附录

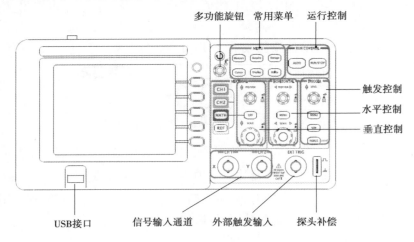

图附录 A.10　DS1000 系列前面板

A.11所示,以进行基本的操作。面板上包括旋钮和功能按键,旋钮的功能与其他示波器类似。显示屏右侧的一列5个灰色按键为菜单操作键(自上而下定义为1至5号)。通过它们,可以设置当前菜单的不同选项;其他按键为功能键,通过它们,可以进入不同的功能菜单或直接获得特定的功能应用。

USB Device 接口

Pass/Fail输出端口 RS232接口

图附录 A.11 DS1000 系列后面板

示波器接入信号时,需按以下步骤进行操作。

①用示波器探头将信号接入通道1(CH1)。

将探头连接器上的插槽对准 CH1 同轴电缆插接件(BNC)上的插口并插入,然后向右旋转以拧紧探头,如图附录 A.12 所示。完成探头与通道的连接后,将数字探头上的开关设定为10X。

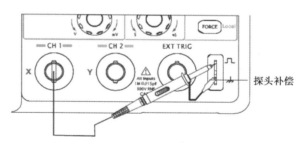

探头补偿

图附录 A.12 探头连接图(带补偿连接)

②示波器需要输入探头衰减系数。

此衰减系数将改变仪器的垂直挡位比例,以使得测量结果正确反映被测信号的电平(默认的探头菜单衰减系数设定值为1X)。

设置探头衰减系数的方法如下:按"CH1"功能键显示通道 1 的操作菜单,应用与探头项目平行的 3 号菜单操作键,选择与使用探头同比例的衰减系数。如图附录 A.13 所示,此时设定的衰减系数为10X。

③把探头端部和接地夹接到探头补偿器的连接器上。按"AUTO"(自动设置)按钮几秒后,可以见到方波显示。

④以同样的方法检查通道 2(CH2)。按"OFF"功能按钮或再次按下"CH1"功能按钮以关闭通道 1,按"CH2"功能按钮以打开通道 2,重复步骤②和步骤③。

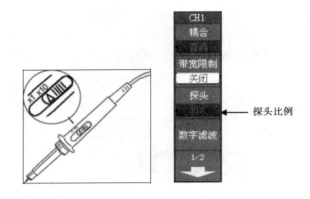

　　　　　　　　　　　　　　　　　　　　　　　　← 探头比例

图附录 A.13　设定探头上的系数及相应菜单上的系数

　　上述探头连接中有补偿连接方式,这种连接方式需在首次将探头与任一输入通道连接时,进行此项调节,使探头与输入通道匹配。未经补偿或补偿偏差的探头会导致测量误差或错误。若调整探头补偿,请按如下步骤进行。

　　①将示波器中探头菜单衰减系数设定为"10X",将探头上的开关设定为"10X",并将示波器探头与通道 1 连接。如使用探头钩形头,应确保探头与通道接触紧密。

　　将探头端部与探头补偿器的信号输出连接器相连,基准导线夹与探头补偿器的地线连接器相连,打开通道 1,然后按下" AUTO "键。

　　②检查所显示波形的形状,如图附录 A.14 所示。

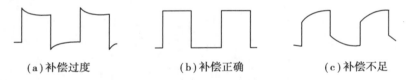

　　　(a)补偿过度　　　　　　　(b)补偿正确　　　　　　　(c)补偿不足

图附录 A.14　探头补偿调节

　　③如必要,用非金属质地的改锥调整探头上的可变电容,直到屏幕显示的波形如上图"补偿正确"。

　　(1)垂直系统设置

　　DS1000 系列提供双通道输入。每个通道都有独立的垂直菜单,每个项目都按不同的通道单独设置。

　　按" CH1 "或" CH2 "功能键,系统将显示"CH1"或"CH2"通道的操作菜单,说明见表附录 A.1(以 CH1 为例)。

表附录 A.1　通道设置菜单

功能菜单	设定	说明
耦合	直流 交流 接地	①通过输入信号的交流和直流成分 ②阻挡输入信号的直流成分 ③断开输入信号

续表

功能菜单	设定	说明
带宽限制	打开 关闭	①限制带宽至 20 MHz,以减少显示 ②噪声 ③满带宽
探头	1X 5X 10X 50X 100X 500X 1000X	①根据探头衰减因数选取相应数值 ②确保垂直标尺读数准确
数字滤波		设置数字滤波(见表附录 2.4)
▼ (下一页)	1/2	进入下一页菜单(以下均同,不再说明)
▲ (上一页)	2/2	返回上一页菜单(以下均同,不再说明)
挡位调节	粗调 微调	①粗调按 1-2-5 进制设定垂直灵敏度 ②微调是指在粗调设置范围之内以更小的增量改变垂直挡位
反相	打开 关闭	打开波形反向功能 波形正常显示

数学运算(MATH)功能可显示 CH1、CH2 通道波形相加、相减、相乘以及 FFT 运算的结果。数学运算的结果可通过栅格或游标进行测量。表附录 A.2 显示了数学运算的功能。

表附录 A.2　数学运算菜单说明

功能菜单	设定	说明
操作	A+B A−B A×B FFT	①信源 A 波形与信源 B 波形相加 ②信源 A 波形减去信源 B 波形 ③信源 A 波形与信源 B 波形相乘 ④FFT 数学运算
信源 A	CH1 CH2	①设定信源 A 为 CH1 通道波形 ②设定信源 A 为 CH2 通道波形

续表

功能菜单	设定	说明
信源 B	CH1 CH2	①设定信源 B 为 CH1 通道波形 ②设定信源 B 为 CH2 通道波形
反相	打开 关闭	①打开波形反相功能 ②关闭波形反相功能

欲打开或选择某一通道时,只需按下相应的通道按键,按键灯亮说明该通道已被激活。若希望关闭某个通道,再次按下相应的通道按键或按下"OFF"即可,按键灯灭即说明该通道已被关闭。

各通道的显示状态会在屏幕的左下角标记出来,可快速判断出各通道的当前状态,见表附录 A.3。

表附录 A.3　通道打开和关闭的状态标志

通道类型	通道状态	状态标志
通道 1(CH1)	打开 当前选中 关闭	CH1(黑底黄字) CH1(黄底黑字) 无状态标志
通道 2(CH2)	打开 当前选中 关闭	CH2(黑底蓝字) CH2(蓝底黑字) 无状态标志
数学运算(MATH)	打开 当前选中 关闭	Math(黑底紫字) Math(紫底黑字) 无状态标志

垂直位移和垂直挡位旋钮的应用方法如下:

①"垂直 POSITION"旋钮可调整所有通道(包括数学运算、REF 和 LA)波形的垂直位置(DS1000E 和 DS1000D 系列均适用)。按下该旋钮,可使选中通道的位移立即回归为零(DS1000E 和 DS1000D 系列均适用,但不包括数字通道)。

②"垂直 SCALE"旋钮调整所有通道(包括数学运算和 REF,不包括 LA)波形的垂直分辨率。粗调是以 1-2-5 方式确定垂直挡位灵敏度的。顺时针增大,逆时针减小垂直灵敏度。微调是在当前挡位范围内进一步调节波形显示幅度。顺时针增大,逆时针减小显示幅度。粗调、微调可通过按"垂直 SCALE"旋钮切换。

③需要调整的通道(包括数学运算、LA 和 REF)只有处于选中的状态(见上节所述),"垂直 POSITION"和"垂直 SCALE"旋钮才能调节该通道。REF(参考波形)的垂直挡位调整对应其存储位置的波形设置。

④调整通道波形的垂直位置时,屏幕左下角将会显示垂直位置信息。例如:POS:32.4 mV,

显示的文字颜色与通道波形的颜色相同,以"V"(伏)为单位。

(2)设置水平系统

水平系统设置可改变仪器的水平刻度、主时基或延迟扫描(Delayed)时基;调整触发在内存中的水平位置及通道波形(包括数学运算)的水平位置;也可显示仪器的采样率。

按水平系统的"MENU"功能键,系统将显示水平系统的操作菜单,说明见表附录 A.4 所示。

表附录 A.4　水平系统设置菜单

功能菜单	设定	说明
延迟扫描	打开 关闭	进入 Delayed 波形延迟扫描 关闭延迟扫描
时基	Y-T	Y-T 方式显示垂直电压与水平时间的相对关系
	X-Y	X-Y 方式在水平轴上显示通道 1 幅值,在垂直轴上显示通道 2 幅值
	Roll	Roll 方式下示波器从屏幕右侧到左侧滚动更新波形采样点
采样率	—	显示系统采样率
触发位移复位	—	调整触发位置至中心零点

水平控制旋钮的应用方法如下:

①使用水平控制钮可改变水平刻度(时基)、触发在内存中的水平位置(触发位移)。屏幕水平方向上的中点是波形的时间参考点。改变水平刻度会导致波形相对屏幕中心扩张或收缩。水平位置改变波形相对于触发点的位置。

②水平 ◎POSITION:调整通道波形(包括数学运算)的水平位置。按下此旋钮使触发位置立即回到屏幕中心。

③水平 ◎SCALE:调整主时基或延迟扫描(Delayed)时基,即秒/格(s/div)。当延迟扫描被打开时,将通过改变"水平 ◎SCALE"旋钮改变延迟扫描时基而改变窗口宽度。详情请参看延迟扫描(Delayed)的介绍。

(3)设置触发系统

触发决定了示波器何时开始采集数据和显示波形。一旦触发被正确设定,它可以将不稳定的显示转换成有意义的波形。

示波器在开始采集数据时,先收集足够的数据用来在触发点的左方画出波形,在等待触发条件发生的同时连续地采集数据,当检测到触发后,示波器连续地采集足够的数据以在触发点的右方画出波形。

DS1000 系列数字示波器具有丰富的触发功能,包括边沿、脉宽、斜率、视频、交替、码型和持续时间触发。

边沿触发:当触发输入沿给定方向通过某一给定电平时,边沿触发发生。

脉宽触发:设定脉宽条件捕捉特定脉冲。

斜率触发:根据信号的上升或下降速率进行触发。

视频触发：对标准视频信号进行场或行视频触发。

交替触发：稳定触发双通道不同步信号。

码型触发：通过查找指定码型识别触发条件。

持续时间触发：在既满足码型条件，又满足持续时间限制的情况下进行触发。

另外，DS1000 系列还有其他一些功能，比如显示设置功能、存储功能等。读者可查询相关用户手册进行了解。

附录 B
实验常用集成电路引脚图

实验常用集成电路引脚图如图附录 B.1—图附录 B.16 所示。

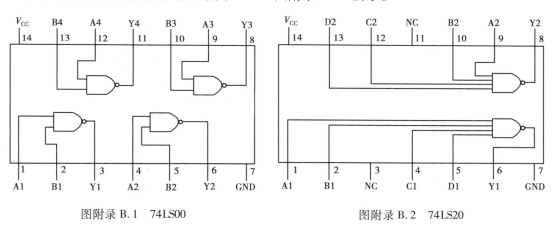

图附录 B.1　74LS00

图附录 B.2　74LS20

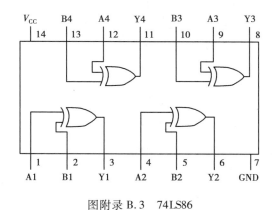

图附录 B.3　74LS86

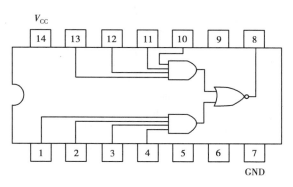

图附录 B.4　74LS55

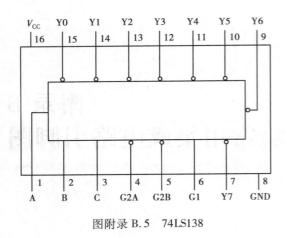

图附录 B.5　74LS138

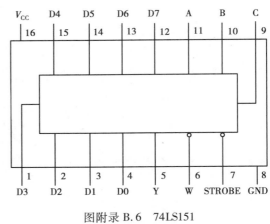

图附录 B.6　74LS151

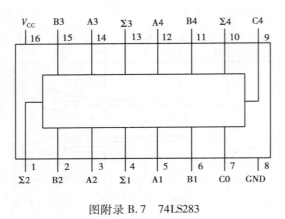

图附录 B.7　74LS283

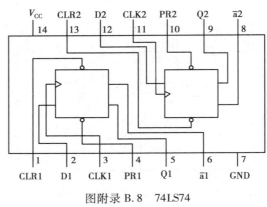

图附录 B.8　74LS74

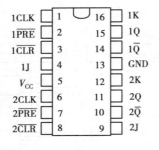

图附录 B.9　74LS76

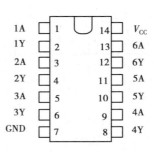

图附录 B.10　74LS04

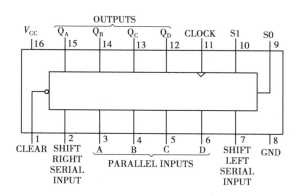

图附录 B.11 74LS194

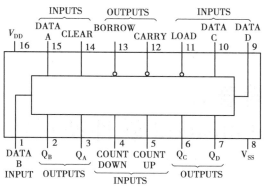

图附录 B.12 40193

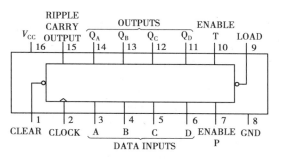

图附录 B.13 74LS161

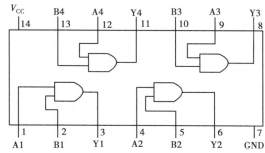

图附录 B.14 74LS08

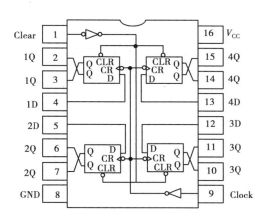

图附录 B.15 74LS175

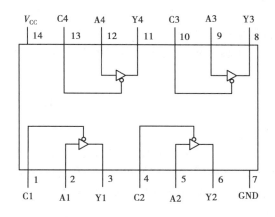

图附录 B.16 74LS125

附录 C
Multisim12 软件使用简介

随着计算机的普及和应用,电子设计自动化(Electronics Design Automation, EDA)技术的发展和应用推动了电子工业的飞速发展,也对科技工作者提出了新的要求及挑战,掌握和应用 EDA 技术,已经成为每位工程技术人员需要具备的一种技能。

EDA 的工具软件种类繁多,Multisim 是专门用于电路设计和仿真的 EDA 工具软件之一。Multisim 是早期的 EWB 的升级换代产品,NI Multisim12 是美国国家仪器有限公司(National Instruments, NI)推出的以 Windows 为基础的仿真工具,适用于电路的设计工作。

Multisim12 软件的突出特点之一是用户界面友好,图形输入易学易用,具有虚拟仪表的功能,既适合高年级的专业开发使用,也适合 EDA 初学者使用。其专业特色为:

①模拟和数字应用的系统级闭环仿真配合 Multisim 和 LabVIEW,能在设计过程中有效节省时间。

②全新的数据库改进包括了新的机电模型,AC/DC 电源转换器和用于设计功率应用的开关模式电源。

③超过 2 000 个来自于亚诺德半导体、美国国家半导体、NXP 和飞利浦等半导体厂商的全新数据库元件。

④超过 90 个全新的引脚精确的连接器使得 NI 硬件的自定制附件设计更加容易。

一、Multisim12 的主窗口界面

安装完 Multisim12 软件后,单击"开始"→"程序"→"National Instruments"→"Circuit Design Suite12.0"→"Multisim12.0"启动 Multisim12,可以看到如图附录 C.1 所示的 Multisim12 的主窗口。Multisim12 主窗口由菜单栏、电路窗口和状态栏等组成,模拟了一个实际的电子工作台。

Multisim12 界面和 Office 工具界面相似,如图附录 C.1 所示,各部分功能如下所示。

①标题栏:用于显示应用程序名和当前文件名。

②主菜单:里面包含了所有的操作命令。

③系统工具栏:包含了所有对目标文件的建立、保存等系统操作的功能按钮。

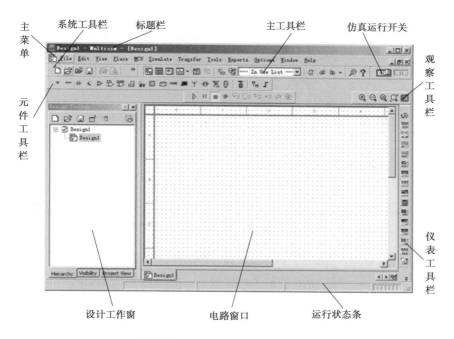

图附录 C.1　Multisim12 的主窗口

④主工具栏:包含了所有对目标文件进行测试、仿真等操作的功能按钮。

⑤观察工具栏:包含了对主工作窗内的视图进行放大、缩小等操作的功能按钮。

⑥元件工具栏:单击相应的元件工具,可以方便快速地选择和放置元件。

⑦仪表工具栏:包含了可能用到的所有电子仪器、仪表,可以完成对电路的测试。

⑧设计工作窗:是展现目标文件整体结构和参数信息的工作窗,完成项目管理功能。

⑨电路窗口:是软件的主窗口,使用者可以在该窗口中进行元器件放置、连接电路、调试电路等工作。

⑩仿真运行开关:由仿真运行/停止和暂停按钮组成。

⑪运行状态条:用以显示仿真状态、时间等信息。

二、Multisim12 主菜单

Multisim12 的菜单栏位于标题栏下方,包括 File、Edit、View、Place、MCU、Simulate、Transfer、Tools、Reports、Options、Window 和 Help 共 12 个主菜单,每个主菜单下都有一个下拉菜单,菜单中提供了本软件几乎所有的功能命令。

1. File 菜单

文件(File)菜单主要用于管理所创建的电路文件,提供文件操作命令,其菜单及功能说明如图附录 C.2 所示。

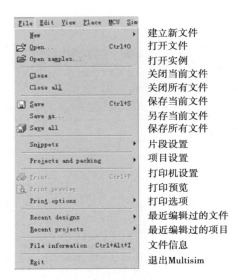

图附录 C.2　File 菜单及功能说明

2. Edit 菜单

Edit(编辑)菜单在电路绘制过程中,提供对电路和元件进行剪切、粘贴、旋转等操作命令,其菜单及功能说明如图附录 C.3 所示。

图附录 C.3　Edit 菜单及功能说明

3. View 菜单

View(窗口显示)菜单提供用于控制仿真界面上显示内容的操作命令,其菜单及功能说明如图附录 C.4 所示。

Full screen　F11	全屏
Parent sheet	层次
Zoom in　Ctrl+Num +	放大视图
Zoom out　Ctrl+Num −	缩小视图
Zoom area　F10	区域放大
Zoom sheet　F7	放大
Zoom to magnification...　Ctrl+F11	按比例放大
Zoom selection　F12	放大选择
Grid	显示栅格
Border	显示边界
Print page bounds	打印页边界
Ruler bars	标尺栏
Status bar	运行状态栏
Design Toolbox	设计工具箱
Spreadsheet View	电子数据表
SPICE Netlist Viewer	SPICE网表
LabVIEW Co-simulation Terminals	LabVIEW协同仿真终端
Description Box　Ctrl+D	电路描述工具箱
Toolbars	工具栏
Show comment/probe	注释/标注
Grapher	仿真图形记录仪

图附录 C.4　View 菜单及功能说明

4. Place 菜单

Place(放置)菜单提供在电路工作窗口内放置元件、连接点、总线和文字等命令,其菜单及功能说明如图附录 C.5 所示。

Component...　Ctrl+W	元件
Junction　Ctrl+J	节点
Wire　Ctrl+Shift+W	导线
Bus　Ctrl+U	总线
Connectors	输入/输出端口连接器
New hierarchical block...	新建电路层次模块
Hierarchical block from file...　Ctrl+H	来自文件的层次模块
Replace by hierarchical block...　Ctrl+Shift+H	替换电路层次模块
New subcircuit...　Ctrl+B	新建子电路
Replace by subcircuit...　Ctrl+Shift+B	替换子电路
Multi-page...	多页设置
Bus vector connect...	总线矢量连接
Comment	注释
Text　Ctrl+Alt+A	文字
Graphics	图形
Title block...	标题栏

图附录 C.5　Place 菜单及功能说明

5. MCU 菜单

MCU(微控制器)菜单提供在电路工作窗口内 MCU 的调试操作命令,其菜单及功能说明如图附录 C.6 所示。

图附录 C.6　MCU 菜单及功能说明

6. Simulate 菜单

Simulate(仿真)菜单提供电路仿真设置与操作命令,其菜单及功能说明如图附录 C.7 所示。

图附录 C.7　Simulate 菜单及功能说明

7. Transfer 菜单

Transfer(文件输出)菜单提供文件传输命令,其菜单及功能说明如图附录 C.8 所示。

8. Tools 菜单

Tools(工具)菜单提供元件和电路编辑或管理命令,其菜单及功能说明如图附录 C.9 所示。

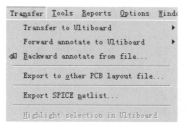

将电路传送给Ultiboard
创建Ultiboard注释文件
反向注释
输出PCB设计图文件
输出SPICE网表
加亮版图选择区

图附录 C.8　Transfer 菜单及功能说明

元件编辑器
元件数据库
变量管理器
设置动态变量
电路应用向导
SPICE网络表
元件重新命名/编号
元件替换
更新电路元件
更新HB/SC符号
电气规则检查
清除ERC标志
切换未连接标志
符号编辑器
标题栏编辑器
电路描述栏编辑器
抓图范围
在线设计资源

图附录 C.9　Tools 菜单及功能说明

9. Reports 菜单

Reports(报告)菜单提供材料清单、各种报表等命令,其菜单及功能说明如图附录 C.10 所示。

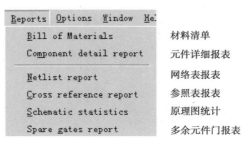

材料清单
元件详细报表
网络表报表
参照表报表
原理图统计
多余元件门报表

图附录 C.10　Reports 菜单及功能说明

251

10. Options 菜单

Options(选项)菜单提供了电路界面设置和一些功能的设定命令,其菜单及功能说明如图附录 C.11 所示。

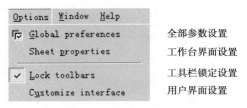

图附录 C.11　Options 菜单及功能说明

11. Window 菜单

Window(窗口)菜单提供了 10 个窗口操作命令,其菜单及功能说明如图附录 C.12 所示。

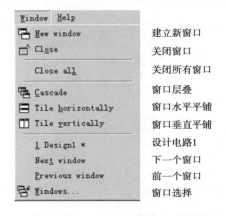

图附录 C.12　Window 菜单及功能说明

12. Help 菜单

Help(帮助)菜单为用户提供在线技术帮助和使用指导,其菜单及功能说明如图附录 C.13 所示。

图附录 C.13　Help 菜单及功能说明

三、Multisim12 元件工具栏

Multisim12 提供了元件数据库,元件被分为 18 个分类库,每个库中放置着同一类型的元器件。如图附录 C.14 所示为元器件库工具栏,用鼠标左键单击工具栏中的任何一个分类库的按钮,都会弹出一个窗口,该窗口所展示的基本信息类似。以基本元器件库为例,单击" "后,将弹出如图附录 C.15 所示的基本元器件库操作界面,在此窗口中可以选择需要的元器件。

电源库　基本元器件库　二极管库　三极管库　模拟器件库　TTL器件库　CMOS器件库　其他数字器件库　模数混合器件库　指示器件库　电源器件库　杂项元器件库　键盘显示器件库　射频元器件库　机电元器件库　NI元件库　连接器库　微控制器库　设置分层电路　放置总线模数混合器

图附录 C.14　元器件库工具栏

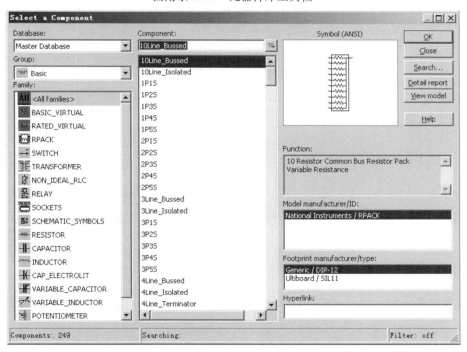

图附录 C.15　基本元器件库操作界面

四、Multisim12 仪表工具栏

Multisim12 提供了 22 种仪器、仪表,可以通过调用它们进行电路工作状态的测试,这些仪器、仪表的使用方法和外观与真实仪器、仪表相当,就像实验室使用的仪器。仪表工具栏是进行虚拟电子实验和电子设计仿真快捷而又形象的特殊窗口,是 Multisim 最具特色的地方。一般情况下,仪表工具栏放在电路窗口的右侧,也可以将其拖动到工作窗口的任何地方,部分仪表工具栏如图附录 C.16 所示。

数字万用表
函数信号发生器
功率表
双踪示波器
四踪示波器
波特图示仪
数字频率计
字信号发生器
逻辑转换仪
逻辑分析仪
伏安特性分析仪
失真分析仪
频谱分析仪
网络分析仪
安捷伦函数信号发生器
安捷伦万用表

图附录 C.16　仪表工具栏

五、Multisim12 电路仿真基本操作过程

Multisim12 功能强大,要熟练使用需要经过不断学习和摸索,由于篇幅有限,下面介绍用 Multisim12 电路仿真的基本操作过程。

1. 新建文件

启动 Multisim12,单击"File"→"New"→"Design",新建一个文件,保存文件名为"circuit1"。可以根据需要在"Options"菜单中对窗口进行各种选择设置。

2. 元器件的调用

Multisim 将元件分为实际元件(具有布线信息)和虚拟元件(只有仿真信息)两种,选择元件时要注意区分。如果只用于仿真时可以选择虚拟元件,如果仿真后还要布线并制作 PCB

板,则选择实际元件。

　　选择元器件时,例如这里要选择一个 10 V 直流电压源,单击元件工具栏中的图标"÷",弹出元件库窗口,选择需要的元件,单击"OK"确认,如图附录 C.17 所示。

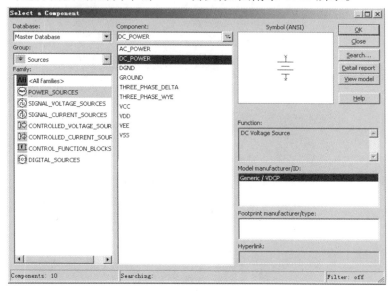

图附录 C.17　元件库窗口

　　然后在电路窗口中可以看到鼠标拖动着该元件,将其拖动到需要放置的位置,再次单击鼠标左键,将其放置在电路窗口中,如图附录 C.18 所示。

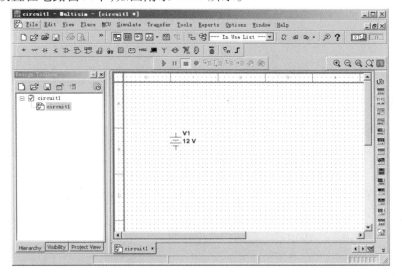

图附录 C.18　放置电路元件窗口

　　双击该元件,弹出一个虚拟元件设置对话框,可以对元件参数进行设置,将电压源参数改为 10 V,如图附录 C.19 所示。

　　按上述方法,依次选择其他电路元件。这里以一阶 RC 电路的暂态分析为例,主要元件有电阻、电容和开关,如图附录 C.20 所示。

255

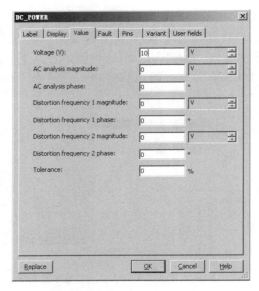

图附录 C.19　修改元件参数窗口

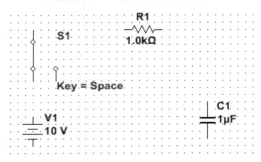

图附录 C.20　一阶 RC 电路所需电路元件

3. 电路的连接

开始连线时,鼠标指向元件一端即会出现一个黑点,单击鼠标左键松开后,拖动鼠标到另一个元件的一端,再次单击鼠标左键并松开,连线即完成。如图附录 C.21 所示为连接后的电路原理图。

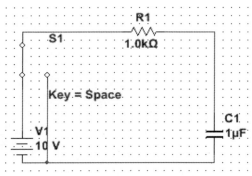

图附录 C.21　连接后的电路原理图

4.虚拟仪表的连接

编辑完电路原理图后,还要对所编辑的电路进行仿真分析,本例中通过示波器观察电容电压在不同状态间的变化过程。用鼠标单击仪表工具栏中"▦(Oscilloscope)"图标,可以看到鼠标拖动着示波器,将其拖动到需要放置的位置,再次单击鼠标左键。选择 A 通道观察电容电压波形图,也可以选择 B 通道来观测。连接示波器后的电路如图附录 C.22 所示。

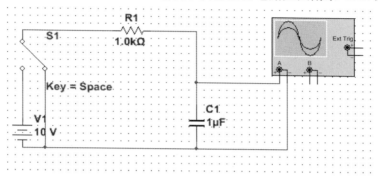

图附录 C.22   连接示波器后的电路图

5.电路仿真结果分析

单击仿真运行开关"▣囗"或运行按钮"▷",也可以通过菜单"Simulate"→"Run",运行电路。双击示波器,从示波器窗口观察电容电压的波形图,如图附录 C.23 所示。在观测过程中,根据需要可以单击"Reverse"按钮更换背景;将鼠标放置在电路窗口中的开关上,单击鼠标切换状态;在运行过程中,单击"囗囗"或"❚❚",也可以通过菜单"Simulate"→"Pause",暂停电路运行,以便于更好观测仿真结果。

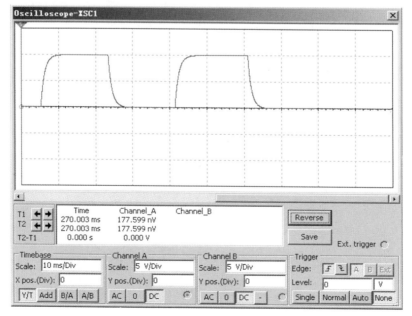

图附录 C.23   仿真结果

　　以上过程只是完成了对电路的仿真分析，是 Multisim12 较简单的基本应用。根据实际设计的需要，可以利用分析功能，通过"Simulate"→"Analysis"选择 Multisim12 提供的 19 种分析方法，并对分析的数据结果进行各种运算处理，还可以将已经设计好的电路传输到布线软件进行 PCB 设计，或导出各种电路数据。

参考文献

［1］哈尔滨工业大学电工学教研室.电工学(上册)［M］.8 版.北京:高等教育出版社,2023.

［2］哈尔滨工业大学电工学教研室.电工学(下册)［M］.8 版.北京:高等教育出版社,2023.

［3］秦曾煌.电工学简明教程［M］.3 版.北京:高等教育出版社,2015.

［4］刘泾,梁艳阳.电路和模拟电子技术实验指导书［M］.3 版.北京:高等教育出版社,2024.

［5］朱玉玉,刘泾.数字电子技术实验指导书［M］.3 版.北京:高等教育出版社,2024.

［6］姚缨英.电路实验教程［M］.4 版.北京:高等教育出版社,2023.

［7］吴霞,潘岚.电路与电子技术实验教程［M］.2 版.北京:高等教育出版社,2022.

［8］王连英.Multisim 12 电子线路设计与实验［M］.北京:高等教育出版社,2015.